中国特色高水平高职学校项目建设成果
人才培养高地建设子项目改革系列教材

网络技术应用

周德云◎主　编
李洪丹　李　丹◎副主编
徐翠娟◎主　审

中国铁道出版社有限公司
CHINA RAILWAY PUBLISHING HOUSE CO., LTD.

内 容 简 介

本书是依据高职计算机网络技术专业人才培养目标和定位要求，以网络工程项目的工作过程为导向构建项目任务式课程，主要内容采用项目任务式，包括走进网络的世界、办公室网络构建、考试中心网络工程项目、考试中心网络工程项目拓展。全书由浅入深，以实际网络认知规律和网络工作流程来组织内容、选取任务，让学生不仅了解网络术语、标准、模型等理论知识，更能够进行实践网络操作，从网络传输介质的制作到网络设备的配置与调试，从网络知识的入门到掌握网络工程项目的工作流程，以及每个环节应掌握的技能，在解决实际应用的过程中加强理论学习，用理论指导网络设计和实施，提高网络排错的能力。

本书可作为高职计算机网络技术等专业的学习用书，配合大量网络微课资源，是国家职业教育倡导使用的新形态教材。本书也可作为网络系统管理及维护职业技能、网络组建与维护等1+X证书培训教材，以及从事网络工程实施、网络管理与维护的企业技术人员的参考用书。

图书在版编目（CIP）数据

网络技术应用 / 周德云主编 . —北京：中国铁道出版社
有限公司，2022.2（2024.9 重印）
中国特色高水平高职学校项目建设成果　人才培养高地
建设子项目改革系列教材
ISBN 978-7-113-28874-7

Ⅰ.①网… Ⅱ.①周… Ⅲ.①计算机网络 – 高等职业
教育 – 教材 Ⅳ.① TP393

中国版本图书馆 CIP 数据核字 (2022) 第 027618 号

书　　名：网络技术应用
作　　者：周德云

策　　划：祁　云　　　　　　　　　编辑部电话：（010）63549458
责任编辑：祁　云　贾淑媛
封面设计：郑春鹏
责任校对：孜　玫
责任印制：樊启鹏

出版发行：中国铁道出版社有限公司（100054，北京市西城区右安门西街 8 号）
网　　址：https://www.tdpress.com/51eds/
印　　刷：三河市航远印刷有限公司
版　　次：2022 年 2 月第 1 版　2024 年 9 月第 2 次印刷
开　　本：850 mm×1 168 mm　1/16　印张：11　字数：299 千字
书　　号：ISBN 978-7-113-28874-7
定　　价：32.00 元

版权所有　侵权必究

凡购买铁道版图书，如有印制质量问题，请与本社教材图书营销部联系调换。电话：（010）63550836
打击盗版举报电话：（010）63549461

中国特色高水平高职学校项目建设系列教材编审委员会

主　任：刘　申　哈尔滨职业技术大学党委书记
　　　　孙凤玲　哈尔滨职业技术大学校长
副主任：金　淼　哈尔滨职业技术大学宣传（统战）部部长
　　　　杜丽萍　哈尔滨职业技术大学教务处处长
　　　　徐翠娟　哈尔滨职业技术大学国际学院院长
委　员：黄明琪　哈尔滨职业技术大学马克思主义学院党总支书记
　　　　栾　强　哈尔滨职业技术大学艺术与设计学院院长
　　　　彭　彤　哈尔滨职业技术大学公共基础教学部主任
　　　　单　林　哈尔滨职业技术大学医学院院长
　　　　王天成　哈尔滨职业技术大学建筑工程与应急管理学院院长
　　　　于星胜　哈尔滨职业技术大学汽车学院院长
　　　　雍丽英　哈尔滨职业技术大学机电工程学院院长
　　　　赵爱民　哈尔滨电机厂有限责任公司人力资源部培训主任
　　　　刘艳华　哈尔滨职业技术大学质量管理办公室教学督导员
　　　　谢吉龙　哈尔滨职业技术大学机电工程学院党总支书记
　　　　李　敏　哈尔滨职业技术大学机电工程学院教学总管
　　　　王永强　哈尔滨职业技术大学电子与信息工程学院教学总管
　　　　张　宇　哈尔滨职业技术大学高建办教学总管

实施中国特色高水平高职学校和专业建设计划（简称"双高计划"）是教育部、财政部为建设一批引领改革、支撑发展、中国特色、世界水平的高等职业学校和骨干专业（群）而做出的重大决策。哈尔滨职业技术大学（原哈尔滨职业技术学院）入选"双高计划"建设单位，学校对中国特色高水平学校建设进行顶层设计，编制了站位高端、理念领先的建设方案和任务书，并扎实开展了人才培养高地、特色专业群、高水平师资队伍与校企合作等项目建设，借鉴国际先进的教育教学理念，开发中国特色、国际水准的专业标准与规范，深入推动"三教改革"，组建模块化教学创新团队，实施"课程思政"，开展"课堂革命"，校企双元开发活页式、工作手册式、新形态教材。为适应智能时代先进教学手段应用，学校加大优质在线资源的建设，丰富教材的信息化载体，为开发工作过程为导向的优质特色教材奠定基础。

按照教育部印发的《职业院校教材管理办法》要求，教材编写总体思路是：依据学校双高建设方案中教材建设规划、国家相关专业教学标准、专业相关职业标准及职业技能等级标准，服务学生成长成才和就业创业，以立德树人为根本任务，融入课程思政，对接相关产业发展需求，将企业应用的新技术、新工艺和新规范融入教材之中。教材编写遵循技术技能人才成长规律和学生认知特点，适应相关专业人才培养模式创新和课程体系优化的需要，注重以真实生产项目、典型工作任务及典型工作案例等为载体开发教材内容体系，实现理论与实践有机融合，满足"做中学、做中教"的需要。

本系列教材是哈尔滨职业技术大学中国特色高水平高职学校项目建设的重要成果之一，也是哈尔滨职业技术大学教材建设和教法改革成效的集中体现。教材体例新颖，具有以下特色：

第一，教材研发团队组建创新。按照学校教材建设统一要求，遴选教学经验丰富、课程改革成效突出的专业教师担任主编，邀请相关企业作为联合建设单位，形成了一支学校、行业、企业高水平专业人才参与的开发团队，共同参与教材编写。

第二，教材内容整体构建创新。精准对接国家专业教学标准、职业标准、职业技能等级标准确定教材内容体系，参照行业企业标准，有机融入新技术、新工艺、新规范，构建基于职业岗位工作需要的体现真实工作任务、流程的内容体系。

第三，教材编写模式形式创新。与课程改革相配套，按照"工作过程系统化""项目+任务式""任务驱动式""CDIO式"四类课程改革需要设计四大教材编写模式，创新新形态、活页式及工作手册式教材三大编写形式。

第四，教材编写实施载体创新。依据本专业教学标准和人才培养方案要求，在深入企业调研、岗位工作任务和职业能力分析基础上，按照"做中学、做中教"的编写思路，以企业典型工作任务为载体进行教学内容设计，将企业真实工作任务、真实业务流程、真实生产过程纳入教材之中，并开发了教学内容配套的教学资源①，满足教师线上线下混合式教学的需要，本教材配套资源同时在相关平台上线，可随时下载相应资源，满足学生在线自主学习课程的需要。

第五，教材评价体系构建创新。从培养学生良好的职业道德、综合职业能力与创新创业能力出发，设计并构建评价体系，注重过程考核和学生、教师、企业等参与的多元评价，在学生技能评价上借助社会评价组织的"1+X"考核评价标准和成绩认定结果进行学分认定，每部教材均根据专业特点设计了综合评价标准。

为确保教材质量，哈尔滨职业技术大学组建了中国特色高水平高职学校项目建设系列教材编审委员会，教材编审委员会由职业教育专家和企业技术专家组成。学校组织了专业与课程专题研究组，对教材持续进行培训、指导、回访等跟踪服务，有常态化质量监控机制，能够为修订完善教材提供稳定支持，确保教材的质量。

本系列教材是在学校骨干院校教材建设的基础上，经过几轮修订，融入课程思政内容和课堂革命理念，既具积累之深厚，又具改革之创新，凝聚了校企合作编写团队的集体智慧。本系列教材的出版，充分展示了课程改革成果，为更好地推进中国特色高水平高职学校项目建设做出积极贡献！

哈尔滨职业技术大学中国特色高水平高职
学校项目建设系列教材编审委员会
2024年7月

---

① 2024年6月，教育部批复同意以哈尔滨职业技术学院为基础设立哈尔滨职业技术大学（教发函〔2024〕119号）。本书配套教学资源均是在此之前开发的，故署名均为"哈尔滨职业技术学院"。

前　言

　　《网络技术应用》是高职计算机网络技术专业的网络技术应用核心课程的配套教材。本教材是根据高职院校的培养目标，按照高职院校教学改革和课程改革的要求，以国家标准为指导，融入1+X证书标准及世界高职技能大赛标准，以企业调研为基础，确定项目、任务，明确课程目标，制定课程标准，以能力培养为主线，与企业合作，共同进行课程的开发和设计。编写本教材的目的就是培养学生具有网络系统管理与维护、网络工程师等岗位的职业能力，即在掌握基本操作技能的基础上，着重培养学生职业能力和职业素质，以解决网络工程现场的复杂设计和施工问题。在教学中，以理论够用为度，以全面掌握网络设备的配置、应用为基础，侧重培养学生的解决问题能力及排错、创新能力。

　　教材设计的理念与思路是按照学生职业能力成长的过程进行培养：选择真实的网络工程工作项目为主线进行教学。项目导向，任务驱动，注重解决实际应用的能力，在教学中以培养学生的网络工程项目设计及实施的能力为重点，以使学生全面掌握网络组建过程为基础，以培养学生现场的分析、解决问题的能力为终极目标，适应学生层次，方便学生使用。

　　教材的特色与创新有如下几个方面：

　　（1）以培养学生实际工程经验为主线，采用项目任务式，项目按工作流程开发。本教材主要针对计算机网络及计算机应用相关专业开设的网络技术课程，适合高职教育，符合学生发展规律。现用教材理论偏多，不是项目任务式，不利于学生技能训练、素质养成。

　　（2）注重素质养成及课程思政。在深入企业调研的基础上，按照实际工程项目及工作任务设计内容，注重学生实践能力、职业能力的训练，在教材中融入课程思政，注重培养爱国、爱校、团结、担当及吃苦耐劳的精神。

　　（3）课程内容及评测标准、认证习题等引入世界大赛、1+X证书标准，课、岗、证、赛融通。

　　（4）与企业合作开发，项目选取典型。企业网络工程师的加入，使实际工作流程和项目选取更典型和有代表性，其中需求分析、项目测试等任务模块由工程经验丰富的工程师设计，与教师共同编写。

　　通过课程开发、教材建设，使学生学习后明确网络工程项目实际工作流程，锻炼网络构建的技能，增长网络知识，为以后的进一步学习和就业打下坚实的基础。

本教材共设 4 个项目，12 个任务，参考教学时数为 56~72 学时。

本教材由哈尔滨职业技术学院周德云任主编，负责确定教材编制的体例及统稿工作，并负责编写任务 4、任务 12 的全部内容，与企业网络工程师温俊日合作完成任务 6 的编写工作；哈尔滨职业技术学院李洪丹、李丹任副主编，负责辅助主编完成教材项目任务的实践性、操作性审核，李洪丹负责任务 9、任务 10 和任务 11 的编写及实训验证，李丹负责任务 5 和任务 8 的编写及实训验证；哈尔滨职业技术学院刘阳负责任务 1 的编写，朱娜负责任务 3 的编写，杨兴全负责任务 2 和任务 7 的编写。

本教材由哈尔滨职业技术学院徐翠娟主审，给各位编者提出了很多有建设性的建议。另外，在此特别感谢哈尔滨职业技术学院中国特色高水平高职学校项目建设系列教材编审委员会给予教材编写的指导和大力帮助。

由于编写组的业务水平和经验之限，书中难免有不妥之处，恳请指正。

编　者

2021 年 8 月

目 录

项目1 走进网络的世界 ... 1

【项目导入】 ... 1
【学习目标】 ... 1
【项目实施】 ... 1
任务1 辨识计算机网络 ... 1
任务2 使用网络参考模型分析网络数据包 ... 25
任务3 使用网络传输介质实施网络综合布线 ... 42

项目2 办公室网络构建 ... 56

【项目导入】 ... 56
【学习目标】 ... 56
【项目实施】 ... 56
任务4 依据办公需求设计办公室网络 ... 56
任务5 配置网络设备实现可靠传输 ... 68

项目3 考试中心网络工程项目 ... 83

【项目导入】 ... 83
【学习目标】 ... 83
【项目实施】 ... 83
任务6 实施项目调研,进行需求分析 ... 83
任务7 设计网络工程项目 ... 93
任务8 实施网络工程项目 ... 110
任务9 验收项目 ... 122

项目4 考试中心网络项目拓展 ... 131

【项目导入】 ... 131
【学习目标】 ... 131
【项目实施】 ... 131
任务10 使用VLAN技术实现网络逻辑分割 ... 131
任务11 使用单臂路由技术实现VLAN间通信 ... 145
任务12 使用VTP实现VLAN统一部署 ... 156

参考文献 ... 166

项目 1

走进网络的世界

项目导入

NET 公司为自己的工业园区的办公楼进行网络设计，规划拓扑结构和 IP 地址，并且使用 Wireshark 软件针对本地主机的网络数据包进行捕捉和分析，识别 TCP/IP 协议各层包头信息。同时，NET 公司还要根据 HZY 学院委托，完成 HZY 学院新实训室的网络综合布线工作。

学习目标

1. 能够对网络协议和标准进行区分，并能进行网络拓扑结构的划分。
2. 能够进行网络常用设备的区分与选择，并能描述设备的相关功能。
3. 能够进行数制转换的计算。
4. 能够辨析 OSI 参考模型的构成和功能。
5. 能够掌握 TCP/IP 协议的构成和相关协议功能。
6. 能够使用 TCP/IP 协议分析数据网络数据包。
7. 能够掌握 IPv4 分组的结构，使用 Wireshark 软件分析 IPv4 包头信息。
8. 了解计算机网络专业人员应当具备的职业道德规范，为将来从事网络行业做准备。
9. 理解团队协作的重要性。

项目实施

任务 1　辨识计算机网络

任务描述

NET 公司在工业园区盖了两栋楼（A 楼和 B 楼），公司领导交给网络管理员小王一项任务：设计合理的网络拓扑结构，同时根据公司实际上网的主机数，以及考虑后继的扩展要求，为公司的子网划分设计一个合理的分配方案。已知 A 楼中有行政部（50 台计算机）、销售部（50 台计算机）、研发部（100 台计算机）以及一台服务器，B 楼中有生产部（500 台计算机）。

任务解析

通过完成本任务，了解网络的拓扑结构和网络的基本组成，能够利用工具软件进行拓扑结构图的绘制，认识相关网络设备，熟悉常见的网络传输介质以及数制转换的相关方法，最后完成任务内容的实施。

知识链接

一、计算机网络概述

随着计算机技术的飞速发展，计算机应用的范围日益广泛。尽管计算机的运行速度在不断增加，但单台计算机的资源还是有限的，如存储容量不够大、打印机质量低等。在现代信息化社会中，对信息的处理不仅仅是计算、统计、归纳、分类等，还需要进行大量的信息交互。计算机已从单机使用发展到群机使用，越来越多的应用领域需要计算机在一定的地理范围内联机工作，从而促进计算机技术和通信技术的紧密结合，以实现资源共享和信息交互，计算机网络技术应运而生。

视频
计算机网络概述

计算机和通信曾经是各不相干的两门学科，近年来，它们之间的界限已逐渐变得模糊，人们已经越来越难将它们完全分开。今天，无论是大型计算机、小型计算机还是微型计算机，都以某种方式连接到网络上，利用专用的设备即可通过网络交换数据、语音和其他信号。

具体来说，数据存储在计算机中的方式与它们在通信线路上的传输方式之间，已经没有什么区别了。在计算机中，数据总是以数字形式进行编码。随着多媒体技术的发展，语音信号在从发送者传送到接收者的过程中，也在某个节点上进行了数字化。对于通信线路上流动的信号，人们根本无法区分哪些是计算机数据，哪些是数字化的语音信号，哪些是数字化的视频信号。

现代社会中，大多数人每天都在使用计算机网络，计算机网络已经融入人们的日常生活中，包括家庭、学校、工作单位等，没有网络，人们几乎什么都做不了。在日常生活中，电话是人们十分熟悉的通信工具，不需要经过培训就会使用。现在，计算机网络也达到了与电话网络相同的地位和影响，人们的生活已经开始依赖于计算机网络了，全球性的 Internet 已经无处不在。举个例子，比如说我们一个人的智慧解决问题可能就稍微慢一点儿，如果集很多人的智慧在一起，就会使处理问题的能力大大提高。网络也是这样的，一台计算机单独作战的时候，可能效率不是十分的高，处理能力也不是很强大，那么通过网络，利用网络来提高系统的处理能力，就跟我们平时所说的人多力量大是一个道理。

在日常生活中，有线电话网、移动电话网是非常重要的，人们无法与这两种电话网割裂开来。银行的自动取款机与银行网络系统连接在一起，使人们可以通过网络在自己的银行账户中取钱或存钱。同样，银行借记卡也是通过银行网络系统发挥作用的。购物时，银行终端通过读码器发出的激光束扫描所购商品的条形码；收银机终端与商店或连锁店内部的计算机网络连接在一起，可以跟踪商店里商品库存情况和顾客的购买习惯等。计算机网络的终端能自动发出重新进货的订单，以保证顾客喜爱的商品不会缺货，新的商品会被自动订购，并在数小时或数日内送到。顾客递上自己的信用卡时，网络查看该张信用卡，以确认没有超过信用额度，或确认是客户自己的信用卡。所有这一切，都是在数秒内完成的。

很多人在家里、办公室或学校访问 Internet。在某个图书馆借书时，也许会通过网络访问该图书馆馆藏图书数据库。订购某种商品时，可以通过 Internet 访问生产该产品的公司网站，该公司可能通过一个内部网络检查库存，生成送货单和账单，并安排送货日期等。用手机打电话使用的就是无线网络。如果通过家里的有线电视系统或卫星上网，那是在使用另一种形式的网络。

无论是企业、政府机关、学校等，常常在一个办公室或一幢楼里通过小型局域网将各种终端与计算机设备连接起来，这种小型局域网不同于大型的跨国或国际网络，只有大型组织或机构才有条件建设和维护大型网络。随着计算机网络技术的发展，小型网络和大型网络之间的区别也开始变得模糊了，Internet 无处不在。对于许多人来说，没有 Internet 就根本无法工作。

可见，网络已经成为日常生活中不可或缺的一部分，以至于人们几乎意识不到网络的存在。人们通过网络进行商务交易、检索信息、信息交互与通信，而对于通信得以实现的原因与相关技术则缺乏认识。人们不需要关心网络的运作细节，也无须担心网络是否能在人们需要时正常工作，就好比打开水龙头时，无须担心水是否会流出来一样。计算机网络是新的技术，与传统的服务相比，虽然在可靠性上有一定的差距，但一般来说还是相当可靠的。今天，计算机网络已经变得与有线电话网、移动电话网、电网、供水网等传统的"网络"同等重要。

综上所述，在信息高速公路上，计算机网络是一个载体，计算机网络无处不在，为人们的工作、生活带来了便利，提高了效率。计算机网络将两台或多台计算机通过电缆或网络设备连接在一起，以便在它们之间交换信息、共享资源。

那什么是计算机网络呢？用通信设备和线路将处在不同地理位置、操作相对独立的多台计算机连接起来，并配置相应的系统和应用软件，在原本各自独立的计算机之间实现软硬件资源共享和信息传递等功能的系统就是计算机网络。

1．计算机网络的功能

自 20 世纪 60 年代末计算机网络诞生以来，仅几十年时间它就以异常迅猛的速度发展起来，被越来越广泛地应用于政治、经济、军事、生产及科学技术等领域，如图 1-1 所示。

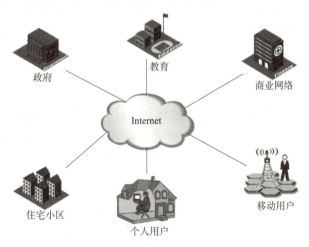

图 1-1　Internet 应用的领域

计算机网络的主要功能包括如下几个方面：

（1）数据通信

现代社会的信息量激增，信息交换也日益增多，利用网络来传输各种信息和数据，比传统的方式更节省资源和更高效。另外，通过网络还可以传输声音、图像和视频，实现多媒体通信。

(2) 资源共享

在计算机网络中有许多昂贵的资源，如大型数据库、计算机群等并不是每一个用户都拥有，所以必须实行资源共享。资源共享包括硬件资源的共享，如打印机、大容量磁盘等，也包括软件资源的共享，如程序、数据等。热门的"云计算"就是将强大的运算能力、存储能力及软件资源共享给大量的用户，以避免重复投资和劳动，从而提高了资源的利用率，使系统的整体性价比得到提高。

(3) 增加可靠性

在一个系统内，单个部件或计算机的暂时失效必须通过替换资源的方法来维持系统的持续运行。但在计算机网络中，每种资源（尤其是程序和数据）可以分别存放在多个地点，而用户可以通过多种途径来访问网络内部的资源，避免了单点失效对用户造成的影响。

(4) 提高系统处理能力

单机的处理能力是有限的，而同一网络内的多台计算机可通过协同操作和并行处理来提高整个系统的处理能力，使网络内各计算机实现负载均衡。

由于计算机网络具备上述功能，因此得到广泛应用。计算机网络最典型的代表就是互联网，它实质上就是个全世界范围内的计算机网络。

2. 计算机网络的形成与发展

1）计算机网络的形成

1946 年第一台电子计算机 ENIAC 诞生后，随着半导体技术、磁记录技术的发展和计算机软件的开发，计算机技术的发展异常迅速。20 世纪 70 年代微型计算机（微机）的出现和发展，使计算机在各个领域得到了广泛的普及和应用，极大地加快了信息技术革命，使人类进入了信息时代。在计算机应用的过程中，需要对大量复杂的信息进行收集、交换、加工、处理和传输，从而引入了通信技术，以便通过通信线路为计算机或终端设备提供收集、交换和传输信息的手段。

计算机网络的研究是从 20 世纪 60 年代开始的。计算机技术与通信技术的结合，使计算机的应用范围得到了极大的开拓。当前，计算机网络的应用已渗透到社会的各个领域，无论是军事、金融、情报检索、交通运输、教育等领域，或是企业、机关或学校内部的管理等，无不采用计算机网络技术，计算机网络已成为人们打破时间和空间限制的便捷工具。此外，计算机网络技术对于其他技术的发展也具有强大的支撑作用。

2）计算机网络的发展阶段

与任何其他事物的发展过程一样，计算机网络的发展经历了从简单到复杂、从单机到多机、从终端与计算机之间的通信到计算机与计算机之间直接通信的演变过程。其发展大致经历了四个阶段：面向终端的计算机网络、多机系统互连的计算机网络、开放式标准化网络体系的计算机网络、Internet 的应用与高速网络技术的发展。

(1) 面向终端的计算机网络

在 20 世纪 50 年代中期至 60 年代末期，计算机技术与通信技术初步结合，形成了计算机网络的雏形——面向终端的计算机网络。这种早期计算机网络的主要形式，实际上是以单个计算机为中心的连机网络。为了提高计算机的工作效率和系统资源的利用率，将多个终端通过通信设备和通信线路连接到计算机上，在通信软件的控制下，各个终端用户分时轮流使用计算机系统的资源。系统中除一台中心计算机外，其余的终端都不具备自主处理功能，系统中主要是终端和计算机间的通信。20 世纪 60 年代初期，美国航空公司使用的是由一台中心计算机和全美范围内 2 000 多个终端组成的机票预订系统，就是面向终端的计算机网络的一个代表。

这种单计算机连机网络涉及多种通信技术、多种数据传输设备和数据交换设备等。从计算机技术上来看，属于分时多用户系统，即多个终端用户分时占用主机上的资源，主机既承担通信工作，又承担数据处理工作，主机的负荷较重，且效率低。此外，每一个分散的终端都要单独占用一条通信线路，线路利用率低；随着终端用户的增多，系统的费用也增加。为了提高通信线路的利用率，减轻主机的负担，采用多点通信线路、集中器以及通信控制处理机等技术。

- 多点通信线路：在一条通信线路上串接多个终端，多个终端共享同一条通信线路与主机通信，各个终端与主机间的通信可以分时地使用同一高速通信线路，提高信道的利用率，如图1-2所示。

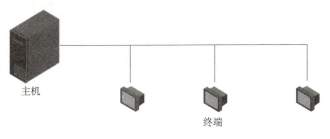

图1-2 多点通信线路

- 通信控制处理机（Communication Control Processor，CCP）：又称前端处理机（Front End Processor，FEP），负责完成全部通信任务，让主机专门进行数据处理，以提高数据处理效率。
- 集中器：负责从终端到主机的数据集中，以及从主机到终端的数据分发，可以放置于终端相对集中的地点。一端用多条低速线路与各终端相连，收集终端的数据；另一端用一条较高速率的线路与主机相连，实现高速通信，以提高通信效率，如图1-3所示。集中器把收到的多个终端的信息按一定格式汇总，再传送给主计算机。

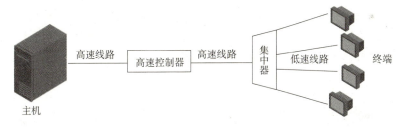

图1-3 使用终端集中器的通信系统

面向终端的计算机网络属于第一代计算机网络。这些系统只是计算机网络的"雏形"，没有真正出现"网"的形式，一般在用户终端和计算机之间通过公用电话网进行通信。随着终端用户增加，计算机的负荷加重，一旦计算机发生故障，将导致整个网络的瘫痪，降低其可靠性。

（2）多机系统互连的计算机网络

从20世纪60年代中期至70年代中期，随着计算机技术和通信技术的进步，利用通信线路将多个单台计算机联机终端网络互连起来，形成多机系统互连的网络。多个计算机系统主机之间连接后，主机与主机之间也能交换信息、相互调用软件以及调用其中任何一台主机的资源，系统呈现多个计算机处理中心，各计算机通过通信线路连接，相互交换数据、传送软件，实现互连的计算机之间的资源共享。

这时的计算机网络有以下两种形式：

- 通过通信线路将主计算机直接互连起来，主机既承担数据处理任务又承担通信任务，如图1-4所示。

- 把通信从主机分离出来，设置通信控制处理机（CCP），主机之间的通信通过 CCP 的中继功能逐级间接进行。由 CCP 组成的传输网络成为通信子网，如图 1-5 所示。

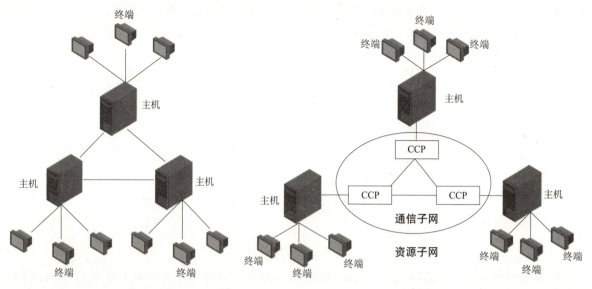

图 1-4　主机直接互连的网络　　　　　图 1-5　具有通信子网的计算机网络

通信控制处理机负责网络上各主机之间的通信控制和通信处理，它们组成的通信子网是网络的内层或骨架层，是网络的重要组成部分。网络中的主机负责数据处理，是计算机网络资源的拥有者，它们组成了网络的资源子网，是网络的外层。通信子网为资源子网提供信息传输服务，资源子网上用户之间的通信建立在通信子网的基础上。没有通信子网，网络不能工作，而没有资源子网，通信子网的传输也失去意义，两者结合构成统一的资源共享的两层网络，将通信网的规模进一步扩大，使之变成社会共有的数据通信网，如图 1-6 所示。广域网，特别是国家级的计算机网络，大多采用这种形式。这种网络允许异种机入网，兼容性好，通信线路利用率高，是计算机网络概念最多、设备最多的一种形式。

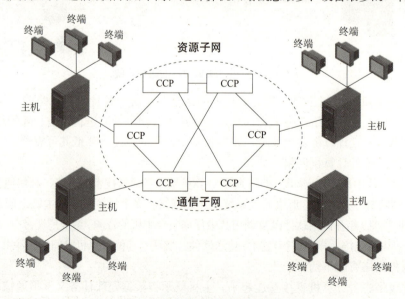

图 1-6　具有公共数据通信网的计算机网络

多机系统使计算机网络的通信方式由终端与计算机之间的通信，发展到计算机与计算机之间的直接通信。网络中各计算机子系统相对独立，形成一个松散耦合的大系统。用户可以把整个系统看作由若干个功能不一的计算机系统集合而成，功能比面向终端的计算机网络扩大了很多。美国国防部高级研究计划局（DARPA）1969年建成的ARPANET实验网，是这种形式的最早代表。

这个时期的计算机网络，以远程大规模互连为其主要特点，称为第二代网络，属于计算机网络的形成阶段。

（3）开放式标准化网络体系的计算机网络

经过20世纪六七十年代前期的发展，为了促进网络产品的开发，各大公司纷纷制订了自己的网络技术标准，最终促成了国际标准的制定。遵循网络体系结构标准建成的网络称为第三代计算机网络。

计算机网络体系结构依据标准化的发展过程可分为两个阶段：

① 各计算机制造厂商网络结构标准化。

各大计算机公司和计算机研制部门进行计算机网络体系结构的研究，目的是提供一种统一信息格式和协议的网络软件结构，使网络的实现、扩充和变动更易于实现，适应计算机网络迅速发展的需要。1974年，IBM公司首先提出了完整的计算机网络体系结构标准化的概念，宣布了SNA标准，方便了用户用IBM各种机型建造网络。1975年，DEC公司公布了面向分布式网络的DNA（数字网络系统结构）；1976年，UNIVAC公司公布了DCA（数据通信体系结构），Burroughs公司公布了BNA（宝来网络体系结构）等。这些网络技术标准只是在一个公司范围内有效，即遵从某种标准的、能够互连的网络通信产品，也只限于同一公司所生产的同构型设备。

② 国际网络体系结构标准化。

为适应网络向标准化发展的需要，国际标准化组织（ISO）于1977年成立了计算机与信息处理标准化委员会下属的开放系统互连分技术委员会，在研究、吸收各计算机制造厂商的网络体系结构标准和经验的基础上，着手制定开放系统互连的一系列标准，旨在方便异种计算机互连。该委员会制定了开放系统互连参考模型（OSI/RM），简称OSI。开放系统互连参考模型为新一代计算机网络系统提供了功能上和概念上的框架，是一个具有指导性的标准。OSI规定了可以互连的计算机系统之间的通信协议，遵从OSI协议的网络产品都是所谓的开放系统，符合OSI标准的网络被称为第三代计算机网络。这个时期是计算机网络的成熟阶段。

20世纪80年代，微型计算机有了极大的发展，对社会生活各个方面都产生了深刻的影响。在一个单位内部微型计算机和智能设备的互连网络，不同于远程公用数据网，推动了局域网技术的发展。1980年2月，IEEE 802局域网标准出台。局域网从开始就按照标准化、互相兼容的方式展开竞争，迅速进入了专业化的成熟时期。

（4）Internet的应用与高速网络技术的发展

从20世纪80年代末开始，计算机技术、通信技术以及建立在Internet技术基础上的计算机网络技术得到了迅猛发展。随着Internet被广泛应用，高速网络技术与基于Web技术的Internet应用迅速发展，计算机网络的发展进入第四阶段。

Internet飞速发展与应用的同时，高速网络的发展也引起人们越来越多的关注。高速网络的发展主要表现在：宽带综合业务数据网（B-ISDN）、异步传输模式（ATM）、高速局域网、交换局域网、虚拟网络与无线网络。基于光纤通信技术的宽带城域网与宽带接入网技术、无线网络技术，已经成为当前研究、应用于产业发展的热点问题之一。

随着社会生活对网络技术与基于网络信息系统的依赖程度越来越高，人们对网络与信息安全的需求越来越强烈。网络与信息安全的研究正在成为研究、应用和产业发展的重点问题，引起社会的高度重视。

随着网络传输介质的光纤化、各国通信设施的建立与发展、多媒体网络与宽带综合业务数字网（B-ISDN）的开发和应用、智能网的发展、计算机分布式系统的研究，计算机网络相继出现了高速以太网、光纤分布式数字接口（FDDI）、快速分组交换技术（包括帧中继、ATM）等新技术，推动着计算机网络技术的飞速发展，使计算机网络技术进入高速计算机互联网络阶段，Internet 成为计算机网络领域最引人注目，也是发展最快的网络技术。

3）计算机网络的发展趋势

进入 21 世纪，计算机网络向着综合化、宽带化、智能化和个性化方向发展。信息高速公路向用户提供声音、图像、图形、数据和文本的综合服务，实现多媒体通信，是网络发展的目标。电话、收音机、电视机以及计算机和通信卫星等领域正在迅速地融合，信息的获取、存储、处理和传输之间的"孤岛现象"随着计算机网络和多媒体技术的发展而逐渐消失，曾经独立发展的电信网络、电视网络和计算机网络不断融合，新的信息产业正以强劲的势头迅速崛起。

Internet 的广泛应用推动计算机网络与通信网络技术的迅猛发展，推动通信行业从传输网技术到服务业务类型的巨大变化。要满足大规模 Internet 接入和提供多种 Internet 服务，电信运营商必须提供全程、全网、端到端、可灵活配置的宽带城域网。在这样一个社会需求的驱动下，电信运营商纷纷将竞争重点和大量资金从广域网、主干网的建设，转移到高效、经济、支持大量用户接入和支持多种业务的城域网建设中，导致了世界性的信息高速公路建设的高潮。信息高速公路的建设又推动了电信产业的结构调整，推动了大规模的企业重组和业务转移。宽带城域网已成为现代化城市建设的重要基础设施之一。

如果将国家级大型主干网比作是国家级公路，各个城市和地区的高速城域网比作是地区级公路，接入网就相当于最终把家庭、机关、学校、企业用户接到地区级公路的道路。接入网技术解决的是最终用户接入地区性网络的问题。由于 Internet 的应用越来越广泛，社会对接入网技术的需求也越来越强烈，接入网技术有着广阔的市场前景，已成为当前计算机网络技术研究、应用与产业发展的热点问题。

计算机网络的重要的支撑技术是微电子技术和光电子技术。基于光纤通信技术的宽带城域网与接入网技术，以及移动计算网络、网络多媒体技术、网络并行技术、网格技术与存储区域网络正在成为网络应用与研究的热点。全光网络将以光节点取代现有网络的电节点，并用光纤将节点互连成网，利用光波完成信号的传输、交换等功能，以克服现有网络在传送和交换时的瓶颈，减少信息传播的拥塞，提高网络的吞吐量。

二、计算机网络基本概念

1. 网络协议与标准

（1）协议

计算机网络基本概念

在网络世界中，为了实现各种各样的需求，需要在网络节点间通信；而在人类社会中，做任何事情同样需要人与人之间的交流。网络节点间的通信使用各种协议作为通信"规则"，人与人之间的交流则是通过各种语言来实现的，可以说语言就是人与人之间交流的"规则"。协议对于网络节点间通信的作用类似于语言对于人类交流的作用。网络节点间在将信号发送给对方的同时，也希望对方能够"理解"这个信号，并做出回应，即完成网络节点间的通信。因此，要进行通信的两个节点间必须采用一种双方均可"理解"的协议。

协议就是一组控制数据通信的规则。它定义了网络节点间要传送什么、如何通信以及何时进行通信，这正是协议的三个要素：语法、语义、同步。

- 语法：即数据的结构和形式，也就是数据传输的先后顺序。如协议可以规定网络节点前面传输的部分为 IP 地址，后面为要传输的信息。就像给亲朋好友写信，信封写明收件人或发件人的地址，信封里面才是信件本身的内容。
- 语义：语义是每部分的含义。它定义数据的每一部分该如何解释，基于这种解释又该如何行动。就像运输货物，如果是玻璃或瓷器等易碎的货物，在包装箱上就会注明"轻拿轻放"，这样负责运输的工人和收货人就会特别注意。
- 同步：指数据何时发送以及数据的发送频率。例如，如果发送端发送速率为 100 Mbit/s，而接收端以 10 Mbit/s 的速率接收数据，那么接收端将只能接收一小部分数据。

(2) 标准

人类社会发展之初，人们过着相对原始的生活，人与人之间的协作很少且很简单，语言没有用武之地。随着社会的发展，人与人之间的交流、沟通越发频繁，于是语言诞生了。但各地的语言却存在着很大的差异，于是就形成了大家所熟知的"方言"。随着社会的进一步发展，各地域间的交流日趋频繁，不同的"方言"给大家的交往带来了诸多不便，于是，开始推行"普通话"。

我们可以将网络通信的协议理解为"方言"，而将标准理解为"普通话"。在网络发展的过程中，很多机构或设备生产厂商研发了自己的私有协议，而其他厂商生产的设备并不支持。如果网络设备间使用私有协议通信，除非设备都是同一厂家生产，否则将无法实现。于是国际上一些标准化组织就推行了一系列网络通信标准，来实现不同厂商设备间的通信。有如下标准：

- ISO（国际标准化组织）：ISO 所涉足的领域很多，这里主要关注它在信息技术领域所做的努力，即在网络通信中创建了 OSI（开放系统互连参考模型）。
- ANSI（美国国家标准化局）：ANSI 是美国在 ISO 中的代表，它的目标是成为美国标准化志愿机构的协调组织，属非营利的民间组织。
- ITU-T（国际电信联盟-电信标准化部门）：CCITT（国际电报电话咨询委员会）致力于研究和建立电信的通用标准，特别是针对电话和数据通信系统。它隶属于 ITU（国际电信联盟），于 1993 年之后改名为 ITU-T。
- IEEE（电气和电子工程师学会）：是世界上最大的专业工程师学会，它主要涉及电气工程、电子学、无线电工程以及相关的分支领域，在通信领域主要负责监督标准的开发和采纳。

网络的协议和标准对于从事该行业的人员有很大的指导意义，也是必须要遵守的。

2.IEEE 802 局域网标准

IEEE 802 标准诞生于 1980 年 2 月，因此得名。它定义了网卡如何访问传输介质（如目前较为常见的双绞线、光纤等），以及在这些介质上传输数据的方法等。目前广泛使用的网络设备（网卡、交换机、路由器等）都遵循 IEEE 802 标准。

IEEE 802 委员会针对不同传输介质的局域网制定了不同的标准，适用于不同的网络环境。这里重点介绍 IEEE 802.3 标准和 IEEE 802.11 标准。

（1）IEEE 802.3

最初 IEEE 802.3 标准定义了四种不同介质的 10 Mbit/s 的以太网规范，其中包括使用双绞线介质的以太网标准——10Base-T，该标准很快成为办公自动化应用中首选的以太网标准。

在 IEEE 802.3 标准诞生后的几年中，以太网突飞猛进地发展，IEEE 802.3 工作小组相继推出一系列标准：
- IEEE 802.3u 标准，即 100 Mbit/s 快速以太网标准，现已合并到 IEEE 802.3 中。
- IEEE 802.3z 标准，即光纤介质实现 1 Gbit/s 以太网标准。
- IEEE 802.3ab 标准，即双绞线实现 1 Gbit/s 以太网标准。
- IEEE 802.3ae 标准，即实现 10 Gbit/s 以太网标准。
- IEEE 802.3ba 标准，即实现 100 Gbit/s 以太网标准。

（2）IEEE 802.11

1997 年，IEEE 802.11 标准成为第一个无线局域网标准，主要用于解决办公室和校园等局域网中用户终端的无线接入。数据传输的射频频段为 2.4 GHz，速率最高只能达到 2 Mbit/s。后来，随着无线网络的发展，IEEE 又相继推出了一系列新的标准，常用的有以下几种：

- IEEE 802.11a，是 IEEE 802.11 的一个修订标准，其载波频率为 5 GHz，通信速率最高可达 54 Mbit/s，目前无线网络已经基本不再应用该标准。
- IEEE 802.11b，相当普及的一个无线局域网标准，而且现在大部分的无线设备依然支持该标准，其载波频率为 2.4 GHz，通信速率最高可达 11 Mbit/s。
- IEEE 802.11g，被广泛应用的无线局域网标准，其载波频率为 2.4 GHz，通信速率最高可达 54 Mbit/s，可与 IEEE 802.11b 兼容。
- IEEE 802.11n，是一个还在草案阶段就广为应用的标准。现在支持 IEEE 802.11n 标准的 Wi-Fi 无线网络是世界上应用最广的技术之一，其可靠的性能、易用性和广泛的适用性获得了用户的高度信赖。在传输速率方面得益于 MIMO（多输入多输出）技术的发展，IEEE 802.11n 的通信速度最高可达 600 Mbit/s。
- IEEE 802.11ac，802.11n 之后的版本，目前应用越来越多。它工作在 5G 频段，理论上可以提供高达 1 Gbit/s 的数据传输能力。

3．网络常见设备

当用户通过电子邮件给远方的朋友送去祝福时，一定不会想到这封邮件在网络中将会经历怎样复杂的行程。就好比将一封真实的信件投到邮局后，无法了解邮局传递信件的中间过程一样。其实，在网络中传输的信息需要经过各种通信设备，而设备会根据地址将数据转发到正确的目的地。对于计算机终端用户而言，这个复杂的中间过程就被"隐藏"了。

常见的网络通信设备有交换路由设备、网络安全设备、无线网络设备等。它根据自身的功能特性分工协作，就像信息高速公路上的路标，为数据传输指明正确的方向。

1）交换路由设备

路由器和交换机是两种最为常见的网络设备，它们是信息高速的中转站，负责转发公司网络中的各种数据。

路由器就是在计算机网络中用于为数据包寻找合理路径的主要设备。从其本质上看，路由器就是一台连接多个网络，并通过专用软件系统将数据在不同网络间正确地转发的计算机。

底层的交换机主要用于连接局域网中的主机，具备学习 MAC 地址的功能，利用学习的地址信息实现这些主机间的高速数据交换；中高层的交换机用于连接底层的交换机，将各个小网络整合成具有逻辑性、层次性的大网络，这些交换机除了具有底层交换机的功能外，一般还具有路由功能，有的还具有简单的安全特性。

2）网络安全设备

网络安全方面的威胁往往是出乎意料的，就像人患感冒，一般是无法预知的。而且网络面临的这些威胁来自各个方面，如病毒、黑客等，所以负责网络安全的管理员应该防患于未然，而不只是亡羊补牢，等到公司的核心业务数据或财务数据已经被盗取，或者公司的核心网络设备、服务器被攻击导致网络瘫痪，再进行相应的补救，就太晚了。

要做到防患于未然，就要借助各种各样的安全设备，如防火墙、VPN、IDS，以及一些专业的流量检测监控设备等，通过专业人员的设计和部署，建立适合各种企业的安全网络体系。

（1）防火墙

防火墙就像网络的安全屏障，能够对流经不同网络区域间的流量强制执行访问控制策略。如大部分公司都会在门口安排一两名保安，只允许有工作证的人进入公司。保安就像是防火墙，他们充当公司内部区域和外部区域的安全屏障，"只允许有工作证的人进公司"就是一条强制执行的安全策略。

大多数人认为防火墙是一台放置在网络中的安全设备，其实，它也是可以存在于操作系统内部的一个软件系统，如很多公司的服务器都会安装服务器版的软件防火墙。

（2）VPN设备

虚拟专用网（Virtual Private Network，VPN）可以理解为一条穿越网络（一般为Internet）的虚拟专用通道。防火墙虽然可以防御来自公司内外网的攻击，但如果有黑客在Internet上截获公司传递的关键业务数据，它就无能为力了。

VPN设备可以对关键业务数据进行加密传输，数据传递到接收方会被解密，这样即使有人在数据传递途中截获数据，也无法了解到任何有用的信息。

虽然专门的VPN设备性能好，加密算法执行效率高，但考虑到性价比，大多数公司都只在网关（如路由器、防火墙等）上实现。

3）无线网络设备

无线网络就是利用无线电波作为信息传输的媒介构成的网络体系。无线网络与有线网络最大的区别在于传输介质，即利用无线电波取代网线。

无线网络设备就是基于无线通信协议而设计出的网络设备。常见的无线网络设备包括无线路由器、无线网卡、无线网桥等。

无线路由器可以看作是无线AP和宽带路由器的一种结合体。因为有了宽带路由器的功能，它既可以实现家庭无线网络中的Internet连接，也可以实现ADSL和小区宽带的无线接入功能。

4）网络设备生产厂商

从1999年至今，国内的网络设备从Cisco的一枝独秀，变成华为、H3C、锐捷、中兴通信等多家国内生产厂商群雄逐鹿的态势。

（1）Cisco公司

思科系统公司（Cisco System, Inc.）提供互联网络整体解决方案，连接计算机网络的设备及其软件系统是它的主要产品，主要有路由器、交换机、网络安全产品、语音产品、存储设备以及这些设备的IOS（互联网操作系统）软件等，在网络设备市场的各个领域均处于领先地位。

除此之外，Cisco公司历来都非常重视自己的产品培训，制定网络工程师认证体系，培养了数百万的Cisco网络人才。Cisco成功的产品培训也带动了整个网络产品市场的发展，国内很多网络设备领域的工程师，都是通过学习Cisco认证体系使自己成功步入该行业的。

（2）华为公司

华为技术有限公司（简称华为）于1987年在中国深圳正式注册成立，是一家总部位于深圳的生产、销售电信设备的民营科技有限公司，主要营业范围包括交换、传输、无线和数据通信类电信产品，在全球电信领域为世界各地的客户提供网络设备、服务和解决方案。

（3）H3C

H3C即杭州华三通信技术有限公司，也称华三。H3C的前身是华为3COM公司，是华为与美国3COM公司的合资公司。2006年11月，华为将在华为3COM公同中的49%股权以8.8亿美元出售给3COM公司。至此，华为3COM成为3COM的全资子公司，更名为H3C。

H3C不但拥有全线路由器和以太网交换机产品，还在网络安全、云存储、云桌面、硬件服务器、WLAN、SOHO及软件管理系统等领域稳健发展。

4. 网络拓扑结构

拓扑是研究几何图形或空间在连续改变形状后还能保持不变性质的一个学科。在计算机网络中，拓扑被用于设备与传输介质之间的物理布局。从拓扑学的角度，网络设备被抽象为一个"点"，传输介质被抽象为"线"，网络规划人员可忽略网络中信号的流动与数据的传输，只关心网络的物理连接形态，并借助抽象的网络拓扑结构来评估网络的设计、功能、可靠性与成本等各项性能。常见的计算机网络拓扑结构分为星状、环状、总线、树状和网状等，下面将分别对这几种拓扑结构进行介绍。

（1）星状拓扑结构

星状拓扑结构中各节点连接成星状网，这种网络中存在中央节点，其他节点都与中央节点直接相连，基于此种结构的网络如图1-7所示。

星状拓扑结构便于网络的集中控制，各端用户在通信时必定经过中心节点，因此星状网便于维护，安全性较高且比较可靠，即便节点出现故障，也不会影响其他节点间的通信。当然，因为各节点都依赖中心节点，所以以中心节点必须具有极高的可靠性，否则一旦中心节点故障，整个网络都会受到影响。

（2）环状拓扑结构

环状拓扑结构常用于局域网中，这种结构的传输媒介逐个连接节点，直到将所有用户连成环状，基于此种结构的网络如图1-8所示。

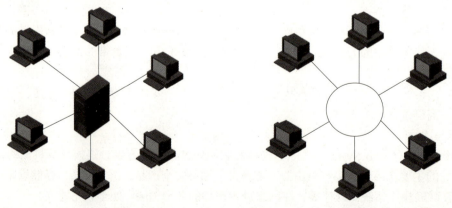

图1-7 星状拓扑结构　　　　　　图1-8 环状拓扑结构

环状网中的数据单向、逐点传送，虽然此种网络结构简单，传播时延稳定，但每个节点都与网络状况息息相关，一旦有某个节点故障，整个网络就会瘫痪。此外，环状网还存在以下问题：

①节点数量不能过多。数据在各个节点中串行传输，当环中节点过多时，信息的传输速率将会降低，且网络响应时间将会增加。

②网络中节点的增加、移动比较复杂。增加、移动节点时，会对多个节点造成影响。

③网络的维护和管理比较复杂。当网络故障时，难以对故障进行定位，从而提高了网络维护和管理的难度。

（3）总线拓扑结构

总线拓扑结构中，所有节点共用一条信息传输通道（简称信道），基于此种结构的网络如图1-9所示。

总线网中一个节点发送的数据可以被其他各个节点接收。由于多个节点共用信道，此种网络必须规定信道分配方式，决定节点之间使用信道的优先顺序。总线网各节点之间互不影响，自身的故障一般不会影响整个网络，但若总线故障，整个网络将陷入瘫痪。尽管在性能上，总线网毁誉参半，但其成本低、安装简单，因此是使用最普遍的网络之一。

（4）树状拓扑结构

树状拓扑结构中的各节点以层次化结构排列，基于此种结构的网络如图1-10所示。

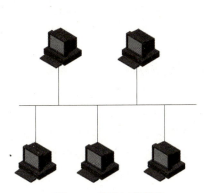
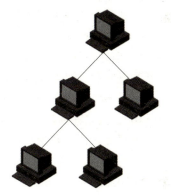

图1-9　总线拓扑结构　　　　　　图1-10　树状拓扑结构

树状拓扑结构是分级的集中控制式网络，该结构网络的主要优点是易于扩展和故障隔离。树状拓扑结构的网络中可延伸出很多分支和子分支，很容易在网络中加入新的分支或节点；若树状网中的某一线路或分支节点出现故障，它主要影响局部区域，因此易于将故障节点与整个网络相隔离。

树状拓扑结构的缺点也很明显，若其根节点出现故障，整个网络都会瘫痪；此种网络的层级不宜太多，随着层级的增加，网络节点转接开销会同步增加，高层节点的负荷也会加重。

（5）网状拓扑结构

网状拓扑结构中各节点之间互相连接，且每个节点至少与其他两个节点相连。基于网状拓扑结构的网络如图1-11所示。

网状拓扑结构复杂，成本较高，难以管理和维护，但它具有较高的可靠性，主要应用于广域网中。

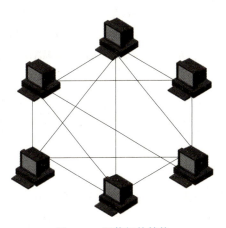

图1-11　网状拓扑结构

三、数制

1. 计算机中常用的数制

网络中传输的各式各样的信息都是依靠一种基本的数制计数方法——二进制表示。所以我们可以形象地理解为,在人类的世界里,通常采用十进制方法计数,而在网络世界里,计算机通常采用二进制方法计数。

视频
计算机中常用的数制

日常生活中最常使用的是十进制,基数是 10,因为人有 10 根手指,"屈指可数",数完手指就要考虑进位了。南美的印地安人数完手指数脚趾,所以他们就使用二十进制,北美是五进制手指记数法的起源地,至今还有人使用。1 小时等于 60 分钟,1 分钟等于 60 秒,圆周角为 360°,每度 60 分,最早采用六十进制的是古巴比伦人。当然,世界上大多数地区采用的还是十进制,有 0~9 共 10 个数字符号,逢十进一。二进制与十进制类似,但是其基数是 2,只有两个数字 0 和 1,逢二进一。

- 数制:计数的方法,指用一组固定的符号和统一的规则来表示数值的方法,如在计数过程中采用进位的方法称为进位计数制。进位计数制有数位、基数、位权三个要素。
- 数位:指数字符号在一个数中所处的位置。
- 基数:指在某种进位计数制中数位上所能使用的数字符号的个数。例如,十进制数的基数是 10,二进制数的基数是 2。
- 位权:指在某种进位计数制中数位所代表的大小,即处在某一位上的"1"所表示的数值的大小。对于一个 N 进制数(即基数为 N),若数位记作 k,则位权可记作 N_k,整数部分第 i 位的位权为 $N_i=N^{i-1}$,而小数部分第 k 位的位权为 $N_k=N^k$。如十进制第 2 位的位权为 $10^1=10$,第 3 位的位权为 $10^2=100$;而二进制第 2 位的位权为 $2^1=2$,第 3 位的位权为 $2^2=4$。

既然有不同的进制,那么在给出一个数时,就需要指明它是什么数制里的数。对不同的数制,可以给数字符号加上括号,使用下标来表示该数字的数制(当没有下标时默认为十进制)。如 $(1010)_2$、123、$(2A4E)_{16}$ 分别代表不同数制的数。$(1010)_2$、$(1010)_{10}$、$(1010)_{16}$ 所代表的数值是完全不同的。

除了用下标表示外,还可以用后缀字母来表示数制。

- 十进制数(Decimal Number)用后缀 D 表示或无后缀。
- 二进制数(Binary Number)用后缀 B 表示。
- 十六进制数(Hexadecimal Number)用后缀 H 表示。

例如:2A4EH、FEEDH、BADH(最后的字母 H 表示是十六进制数)与 $(2A4E)_{16}$、$(FEED)_{16}$、$(BAD)_{16}$ 的意义相同。

在数制中,还有一个规则,就是 N 进制必须是逢 N 进一。

- 十进制数的特点是逢十进一。例如:

$$(1010)_{10}=1 \times 10^3+0 \times 10^2+1 \times 10^1+0 \times 10^0$$

- 二进制数的特点是逢二进一。例如:

$$(1010)_2=1 \times 2^3+0 \times 2^2+1 \times 2^1+0 \times 2^0=(10)_{10}$$

- 十六进制数的特点是逢十六进一。例如:

$$(1010)_{16}=1 \times 16^3+0 \times 16^2+1 \times 16^1+0 \times 16^0=(4112)_{10}$$

计算机中常用的数制进制有十进制、二进制和十六进制。

(1) 十进制(Decimal)

特点如下:

- 基数是10，数值部分用十个不同的数字符号0、1、2、3、4、5、6、7、8、9来表示。
- 逢十进一。

如对于123.45，小数点左边第1位代表个位，3在左边第1位上，它代表的数值是3×10^0，1在小数点左边第3位上，代表的是1×10^2，5在小数点右边第2位上，代表的是5×10^{-2}。

$$123.45 = 1 \times 10^2 + 2 \times 10^1 + 3 \times 10^0 + 4 \times 10^{-1} + 5 \times 10^{-2}$$

（2）二进制（Binary）

计算机中的数是用二进制数表示的，它的特点是逢二进一，因此在二进制中，只有0和1两个数字符号。

特点如下：
- 基数为2，数值部分用两个不同的数字符号0、1来表示。
- 逢二进一。

二进制数转换为十进制数通过位权展开相加即可。

$$1101.11B = 1 \times 2^3 + 1 \times 2^2 + 0 \times 2^1 + 1 \times 2^0 + 1 \times 2^{-1} + 1 \times 2^{-2}$$
$$= 8 + 4 + 0 + 1 + 0.5 + 0.25$$
$$= 13.75$$

（3）十六进制（Hexadecimal）

特点如下：
- 基数是16，它有16个数字符号，除了十进制中的十个数外，还使用了六个英文字母：0、1、2、3、4、5、6、7、8、9、A、B、C、D、E、F。其中A～F分别代表十进制数的10～15。
- 逢十六进一。

二进制数与十六进制数间的转换。

因为$16=2^4$，所以一位十六进制数相当于四位二进制数，因此，可使用每四位分一组的方法。

2A4EH=101010010011110B

10.4H=10000.01B

1101011.0011B=6B.3H

2. 数制转换

（1）二进制、十进制的转换

将一个十进制整数转换为二进制数可使用"除2取余法"，即将要转换的十进制整数除以2，取余数；再用商除以2，再取余数，直到商等于0为止，将每次得到的余数按倒序的方法排列起来即为结果，如图1-12所示。

图1-12 十进制转二进制"除2取余法"

把余数倒序排列可得到125的二进制数为1111101B。

将一个二进制整数表示成十进制数需要用到"按权展开相加法"。
$$1111101B = 1×2^6+1×2^5+1×2^4+1×2^3+1×2^2+0×2^1+1×2^0 = 125$$

(2) 十进制、十六进制、二进制的转换

一个很小的十进制的三位数表示成二进制时就已经是七位数了，由于二进制只有1和0两个数字，因此看起来非常累，也很容易弄混。为了方便阅读和记忆，在编写程序或者使用数字时，我们更多使用的是十六进制。

从十进制向十六进制转换，也可以采用"除16取余法"，如图1-13所示。

```
                    余数
        16 | 125    13
        16 |  7      7
```

图1-13 十进制转十六进制取余数法

即 125=7DH。

十六进制向十进制转换，也需要用到"按权展开相加法"。
$$7DH = 7×16^1+13×16^0 = 125$$

从二进制向十六进制转换会更简单一些。从小数点开始分别向左向右把二进制数每四个分成一组，然后再把每一组二进制数对应的十六进制数写出来，就得到对应的十六进制数。

$$01111101B = 0111\ 1101B = 7DH$$

不同数制之间的对应关系如表1-1所示。

表1-1 二进制、十进制、十六进制转换

二进制	十进制	十六进制
0	0	0
1	1	1
10	2	2
11	3	3
100	4	4
101	5	5
110	6	6
111	7	7
1000	8	8
1001	9	9
1010	10	A
1011	11	B
1100	12	C
1101	13	D
1110	14	E
1111	15	F
10000	16	10

3. 8421法

虽然有"按权展开相加法"（二进制转换为十进制）和"除2取余法"（十进制转换为二进制）二种方法，但其都太烦琐，所以就出现了一种叫做"8421"的简单转换方法，又称为8421BCD编码，是一种二进制转化为十进制的编码方法。

根据二进制的"逢二进一"原则，我们把2的n次方分别列出是：

$2^0=1$ $2^1=2$ $2^2=4$ $2^3=8$ $2^4=16$ $2^5=32$ $2^6=64$……

8421法

"8421"法的原理是一种凑数法，按2的n次方的值列出，根据不同的情况进行"凑数"。

（1）二进制转换成十进制数

二进制数1010转换成十进制数

　　　　　　　8　4　2　1
　　二进制数：1　0　1　0　（结果是1对应的数相加：8+2=10）

二进制数110转换成十进制数

　　　　　　　8　4　2　1
　　二进制数：　1　1　0　（结果是1对应的数相加：4+2=6）

二进制数11100转换成十进制数

　　　　　　　16　8　4　2　1
　　二进制数：1　1　1　0　0　（结果是1对应的数相加：16+8+4=28）

（2）十进制转换成二进制数

将十进制数找到离它最近的2的位权数。

如将十进制68转成二进制。

根据位权运算知道，2从个位向左数的位权为1、2、4、8、16、32、64、128……

为了方便查看，现在将方向调转写下来：

……128 64 32 16 8 4 2 1

此时68最接近的是64，就在64这位写下1：

……128 64 32 16 8 4 2 1
　　　　1

然后在现有数字中减去64，得到4，依次向右查看，包含就写1，然后减去此位权，不包含就写0，于是出现如下过程：

……128 64 32 16 8 4 2 1
　　　　1　0

……128 64 32 16 8 4 2 1
　　　　1　0　0

……128 64 32 16 8 4 2 1
　　　　1　0　0　0

……128 64 32 16 8 4 2 1
　　　　1　0　0　0　1

此时，写到这样就知道没有数了，所有后面两位直接写0，得到的就是1000100，这就是64的二进制数。

一、实施要点

拓扑结构选择方面,如采用总线结构,则数百台计算机使用同一总线,网络性能较差;如果采用环状拓扑结构,则安全性不高,任何一台主机发生故障都可能使一个网段出现故障;如果使用星状拓扑结构,则中心节点负担过重,且需要一个数百端口的交换机,而一般交换机上只有几十个端口;如果采用网状结构,又不便于管理且容易产生环路。

综上分析,应选择树状拓扑,其优点主要包括:

①组网方便,可以分层组网。

②中心交换设备可提高网络性能。

③便于管理和维护。

二、设计解决方案

小王设计的拓扑结构图如图 1-14 所示,整个网络采用树状拓扑结构连接各网络设备和主机。

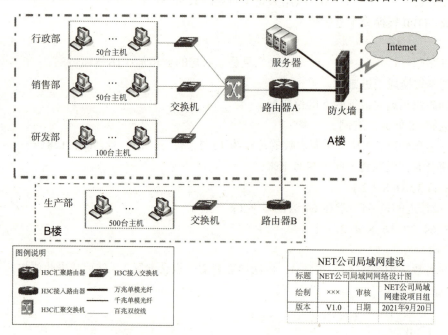

图 1-14 网络拓扑结构

三、绘制拓扑结构图

在网络工程中,准确、熟练地绘制网络拓扑结构图是每个工程技术人员必备的基本功之一。目前,常用微软公司的 Visio 软件绘制网络拓扑结构图。

1. 图例说明

在绘制拓扑结构图时,根据所使用的设备型号选择相应的设备图例,线路类型要通过统一的线条粗细、颜色进行标识。在表 1-2、表 1-3 中,详细列举了拓扑结构图中包括的一些设备、线路等图例,相关人员需要按照该图例进行拓扑结构图的绘制和审核。

表 1-2　设备图例

分类	类型	Cisco 图例	华为或 H3C 图例	图标尺寸（宽 × 高）/mm
路由器	核心路由器	（cisco7600、7500）	（NE 系列路由器）	25 × 30
	汇聚路由器	（cisco7200、3800）	（AR 系列路由器）	22 × 15
		（cisco3800）		22 × 10
	接入路由器	（cisco2800、1800）	（AR 系列路由器）	18 × 8
交换机	核心交换机	（Cisco 6500）	（H3C S9500）	25 × 30
	核心交换机（带防火墙）	（Cisco6500+firewall）		25 × 30
	汇聚交换机	（Cisco 4500、4000、3750、3560、3550）	（H3C S7500）	19 × 22
			（H3C S5600）	15 × 18
	接入交换机	（Cisco 2960）	（H3C S3100、S3600）	18 × 8
其他	接入集线器			18 × 8
	广域网云图	PetroChina		50 × 20
	Internet 云图	Internet		50 × 20
	PSTN/ISDN 云图	PSTN/ISDN		50 × 20

续表

分类	类型	Cisco 图例	华为或 H3C 图例	图标尺寸（宽×高）/mm
其他	防火墙			8×20
	DCS			15×15
	IDS			15×15
	无线发射器			5×15
	用户			15×20
	移动用户			15×20
	视频终端			15×15
	MCU		MCU	15×8
	服务器及服务器群			20×20
	PC			15×15

表 1-3 链路图例

分类	类型	图例	说明
链路	10 G		线条粗细自定义为 3 pt，黑色表示单模，红色表示多模
	1 G		线条粗细自定义为 1.5 pt，黑色表示单模，红色表示多模
	100 M		线条粗细中选 0.75 pt，黑色表示单模，红色表示多模
	622 M/155 M		线条粗细自定义为 1 pt，黑色。需要标注带宽
	10/100/1 000 M 双绞线		线条粗细中选 0.75 pt，蓝色
	广域网链路		线条粗细中选 0.75 pt，黑色。需要标注带宽
	无线链路	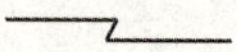	用闪电形
	链路捆绑	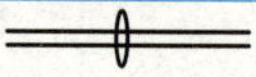	黑色表示单模，红色表示多模。有几条线路画几条线

2. 绘制

①启动 Visio 软件。选择"开始"→"程序"→"Visio2013"命令，进入 Visio 软件主界面，如图 1-15 所示。

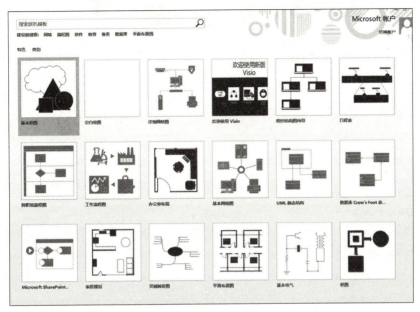

图 1-15　Visio 主界面

②单击"基本网络图"图标，进入绘图面板，如图 1-16 所示。

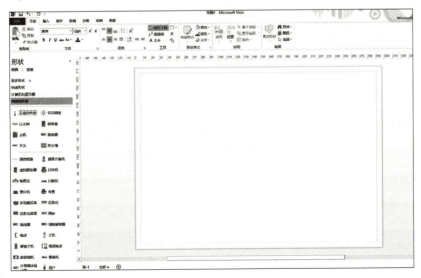

图 1-16　Visio 绘图面板

③根据需要，选择相应图标，拖入绘图面板中，并利用绘图工具，选择合适线型与颜色，绘制连线。

④完成绘图后，选中绘制的全部图形，右击，选择"组合"命令，将绘制的图形组合成一个整体图形，如图 1-17 所示。

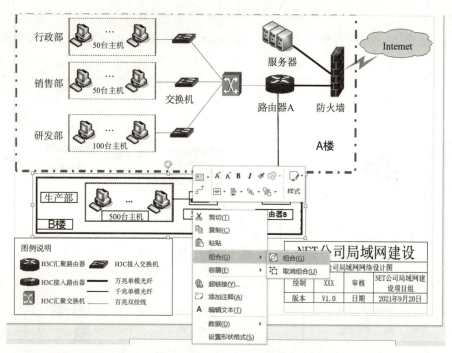

图 1-17 组合图形

⑤保存绘制的图形，也可以选择绘制好的图形，通过复制到剪切板中，再粘贴到 Word 文档中使用。

能力拓展

①举例说明一两个你所接触到的网络应用实例（校园网络、企业网络或政府机构网络），并简单绘制网络拓扑结构图。

②在本地主机的命令提示符下输入以下命令，然后按回车键。

```
ipconfig /all
```

你的主机有哪些网络连接？每个网络连接的状态和详细配置分别是什么？请将结果填入表 1-4 中。

表 1-4 网络连接状态和详细配置

项目	内容
主机名	
启用 IP 路由	
网络连接 1 名称	
网络接口	
媒体状态	
MAC 地址	
是否启用 DHCP	
是否自动配置	
IPv4 地址	
子网掩码	

默认网关	
DHCP 服务器	
DNS 服务器	
网络连接 1 名称	
网络接口	
媒体状态	
MAC 地址	
是否启用 DHCP	
是否自动配置	
IPv4 地址	
子网掩码	
默认网关	
DHCP 服务器	
DNS 服务器	

③ 使用 ping 命令测试你的计算机与其他计算机是否连通。

④ 使用 tracert 命令跟踪你的计算机到达某一网站需要多少跳数。

认证习题

单选题

1. （　　）是网络最基本的功能之一。
   A. 资源共享　　　　B. 提高速度　　　　C. 降低成本　　　　D. 确保安全

2. 计算机网络是计算机技术与（　　）结合的产物。
   A. 电话　　　　　　B. 通信技术　　　　C. 线路　　　　　　D. 协议

3. 下面有关计算机网络的说法，错误的是（　　）。
   A. 网络协议只能由软件来完成
   B. 网络通信介质可以是有线介质，也可以是无线介质
   C. 用户在访问网络共享资源时，可以不考虑这些资源所在的物理位置
   D. 计算机网络由网络硬件系统和网络软件系统构成

4. 计算机网络的 3 个主要组成部分是（　　）。
   A. 若干数据库，一个通信子网，一组通信协议
   B. 若干主机，一个通信子网，大量终端
   C. 若干主机，电话网，一组通信协议
   D. 若干主机，一个通信子网，一组通信协议

5. 在网络各个节点上，计算机系统为了顺利实现数据通信必须共同遵守的规则，称为（　　）。
   A. 协议　　　　　　B. TCP/IP　　　　　C. 以太网　　　　　D. 语法

6. 负责整个网络各种资源、协调各种操作的软件称为（　　）。
   A. 网络应用软件　　B. 通信协议　　　　C. 网络操作系统　　D. OSI

7. 局域网的网络硬件主要包括服务器、工作站、网卡和（   ）。
   A. 拓扑结构　　　　　B. 计算机　　　　　C. 传输介质　　　　　D. 网络协议
8. 以下属于访问节点的设备是（   ）。
   A. 网桥　　　　　　　B. 路由器　　　　　C. 终端　　　　　　　D. 交换机
9. 下列不属于网络操作系统的是（   ）。
   A. Linux　　　　　　　　　　　　　　　　B. UNIX
   C. Windows Server 2008　　　　　　　　　D. Windows 10
10. （   ）是简单网络管理协议。
    A. NOS　　　　　　　B. IPX　　　　　　C. TCP/IP　　　　　D. SNMP
11. 下列网络设备中，属于通信子网的是（   ）。
    A. 工作站　　　　　　　　　　　　　　　B. 终端
    C. 服务器　　　　　　　　　　　　　　　D. 接口信息处理器
12. 计算机网络术语中，WAN的中文含义是（   ）。
    A. 城域网　　　　　　B. 广域网　　　　　C. 局域网　　　　　D. 以太网
13. 计算机网络按其拓扑结构可分为（   ）。
    A. 局域网、广域网和城域网
    B. 星状网络、环状网络、总线网络、树状网络和网状网络
    C. 公用网和专用网
    D. 对等网和基于服务器的网络
14. 在对计算机网络分类时，对广域网和局域网的划分是以（   ）为标准的。
    A. 信息交换方式　　　　　　　　　　　　B. 网络使用者
    C. 网络覆盖范围　　　　　　　　　　　　D. 传输控制方法
15. 选择网络拓扑结构时可以不考虑（   ）。
    A. 吞吐量　　　　　　B. 扩充性　　　　　C. 费用　　　　　　D. 可靠性
16. 具有所有节点都共享一条数据通道特点的网络拓扑结构是（   ）。
    A. 星状拓扑　　　　　B. 总线拓扑　　　　C. 环状拓扑　　　　D. 以上都不是
17. 大型广域网常采用的拓扑结构是（   ）。
    A. 星状拓扑　　　　　B. 环状拓扑　　　　C. 网状拓扑　　　　D. 总线拓扑

任务测评

任务1　辨识计算机网络（100分）　　　　　　　　　　　　　学号：
　　　　　　　　　　　　　　　　　　　　　　　　　　　　姓名：

序号	评分内容	评分要点说明	小项加分	得分	备注
一、NET公司网络组建拓扑图绘制（60分）					
1	创建Visio文件，选择基本网络图（4分）	文件按自己姓名缩写命名，纸张统一使用A4纸横排，加2分 一张图纸需要涵盖该公司的所有网络，加2分			
2	网络层次明晰（6分）	网络布局合理匀称，稀疏得当，加6分			

续表

任务1 辨识计算机网络（100分）

学号：
姓名：

序号	评分内容	评分要点说明	小项加分	得分	备注
一、NET 公司网络组建拓扑图绘制（60分）					
3	根据实际使用的设备选择相对应的网络图标，并且必须使用图例中规定的尺寸（14分）	网络图标正确，加8分； 图例尺寸符合要求，加6分			
4	连接线路（10分）	连接线路尽量避免交叉，加4分； 不同的线路类型要从线条粗细、颜色等特征清晰辨认，加8分			
5	标识文字设置（6分）	拓扑结构图中设备、端口及线路等的标识文字位置在图中应保持一致，标识文字使用黑体，大小为8pt或6pt，加6分			
6	制图信息（20分）	制图信息包含两部分：一部分为制图信息栏，放在拓扑图的右下角，加10分；另一部分为图例栏，放在拓扑结构图的左下角。在图例中应包括拓扑图中所使用的设备和线路示意图，加10分			
二、能力拓展（40分）					
7	举例说明一两个你所接触到的网络应用实例（校园网络、企业网络或政府机构网络），并简单绘制网络拓扑结构图（26分）	能自行完成小型网络拓扑图的绘制，加3分； 网络布局合理匀称，加3分； 网络图标正确，尺寸符合规范，加6分； 线路符合要求，加3分； 标识文字设置合理，加3分； 包含有制图信息，加8分，其中制图信息栏加4分，图例栏加4分			
8	查看计算机网络连接（6分）	记录主机网络连接，加2分； 记录每个网络连接的状态和详细配置，加4分			
9	测试计算机与其他计算机是否连通（4分）	能使用ping命令测试计算机与其他计算机是否连通，加4分			
10	使用tracert命令（4分）	使用tracert命令跟踪计算机到达某一网站需要多少跳数，加4分			

任务2 使用网络参考模型分析网络数据包

任务描述

使用 Wireshark 软件，针对本地主机的网络数据包进行捕捉和分析，识别 TCP/IP 协议各层包头信息，理解 TCP/IP 协议中的数据封装及解封装过程。

任务解析

通过本任务，理解网络分层的基本思想，理解层次模型中网络协议和标准的概念，掌握网络开放互连参考模型即 OSI 参考模型中各层实现的功能,理解 TCP/IP 协议的层次结构,能够使用抓包工具 Wireshark 针对网络中的数据包结构进行分析。

知识链接

一、网络体系结构的层次化设计

网络系统传递数据是比较复杂的。我们打开计算机上的浏览器,输入想要访问的网站域名,在计算机上显示出我们要访问的网页,这种操作看起来很简单,但是实际的传输过程要解决一系列的问题,如计算机是如何找到网站服务器所在的位置的?网络中的数据如何实现可靠传输的?本地计算机和远端的网站服务器之间如何选择网络中的数据传输设备,实现"逐跳"的数据传输的?网络设备又是如何区分数据产生于哪个网络应用程序的?对普通的网络用户来说是不需要理解这些数据的具体传输过程的,但是对于网络工程师来说,数据的转发过程是需要掌握的。为了解决复杂的网络传输问题,网络系统采用了"分层"的设计思想。

1. 分层思想

分层思想是指在解决复杂问题的过程中,将复杂问题分解成一系列的简单问题来解决的处理方法。分层处理的思想可以类比流水线式的产品生产过程。当某一厂家生产一款手机的时候,可以通过流水线式的作业方式,将产品的生产过程分解为多个不同的步骤。例如,生产手机的公司中,手机的设计部门负责产品设计,原件采购部门依据设计进行原件采购,组装部门负责手机组装,质检部门负责产品测试检验,营销部门负责产品销售,如图 2-1 所示。在产品从设计到销售的整个流程中,每个部门按照本部门的工作规章要求完成本部门的工作,并将本部门完成的工作交给下一个部门逐层进行处理,这样就将一个复杂的产品生产过程分解为了多个不同"子层"来逐层实现,降低了系统实现的复杂程度。层次的划分也有利于对系统的管理,当发现某一层次出现问题后,只需针对该层次进行分析和处理即可,不会影响其他层的工作,更有利于问题的定位和处理。

计算机网络系统的设计也采用了这种分层的处理思想,其数据的分层处理传输过程类似于邮政系统转发用户信件的过程。邮政系统转发信件的过程可以简单分解为以下层次:用户层(发送方和接收方)、邮局层、运输层。发送方将待发送的信件送给邮局,依照邮局的规定格式包装成信,信上填写对方地址、邮编等规定信息。邮局依据信封上的信息做分拣工作,将去往相同城市的信件送往铁路、公路或航空系统等进行运输转送。在运输层中,信件当然要依据相应运输系统的规定封装成邮包来传送,在邮包上要按照相应系统的规定填写相应的信息标识,例如邮包发送站点的标识、邮包目的站点的标识等。邮件发送方发送信件逐层处理的过程,称为对信件的逐层封装过程,每次封装都是在上一层的基础上添加相应的控制信息,当然,信件要想成功被接收方接收,也要在接收时经历逐层的解封装过程,即目的车站接收到邮包,依据邮包信息拆包,将邮件送往地方邮局,邮局依据信封上的相应信息配送给接收方,接收方拆开信件看到发送方发送的信息。在层次化的设计过程中,要注意以下几个概念:

● 视频

分层思想

(1)对等层与对等层实体

通信过程中,对等层是指在计算机网络协议层次中,将数据(即数据单元加上控制信息)直接(逻辑上)传递给同层次的对方。对

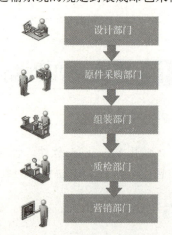

图 2-1 手机生产过程的层次化处理

等层实体是指处于对等层上实现该层具体功能的软件或硬件。如图2-2中，发送方与接收方处于同一对等层即用户层上，邮局A与邮局B处于同一对等层邮局层中。对等层实体间从逻辑上看起来可以直接通信，称为"虚通信"，如用户层中的发送方和接收方，并不关心信件是如何传递的，双方看起来是直接通信的，邮局A和邮局B之间可以读懂对方信封上的信息，看起来也是双方可以直接通信的，但是实际的信件传输却是逐层封装（发送）和解封装（接收）实现的。

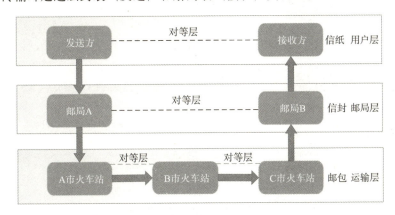

图2-2 邮政系统分层

（2）协议和服务

在层次化的系统设计中，每一层实体完成相应的功能，要想实现对等层的虚通信，即对等层的实体能够读懂双方的数据并进行处理，则对等层之间对数据的处理方式必须遵循统一的规则。在网络系统中，协议是定义不同系统的对等体之间交换的帧、分组和报文的格式及意义的一组规则。对等层之间的"虚通信"是通过对等层中相同的协议实现的。

网络服务是指参考模型中下层为上层提供数据操作，完成某种功能，服务由每一层的协议具体实现，上层不关心下层是如何具体实现相应的服务的，这表示对上层来说只要下层提供的服务不变，下层中的实体是可以改变协议的。在网络中，层与层之间的数据通信由层间的接口实现。

2. OSI参考模型

网络系统的层次划分可以将复杂的网络通信问题分解为多个子层的问题逐层处理，为了保证不同网络系统之间可以互相通信，解决不同网络设备厂商之间的设备兼容性问题，国际标准化组织（ISO）于1978年成立了一个专门的委员会，研究网络系统的层次结构，并于1984年提出了开放系统互连参考模型（Open System Interconnection Reference Model，OSI/RM），简称为OSI。

视频
OSI参考模型

OSI参考模型将网络系统数据传输过程划为七层，从下往上依次是物理层、数据链路层、网络层、传输层、会话层、表示层和应用层，如图2-3所示。

OSI参考模型中的1层到3层，被称为底层。底层协议的功能实现网络间各节点的数据传输互连，由网络中的数据通信设备，如网线、网卡、集线器、中继器、交换机、路由器等具体实现。高层协议实现网络中主机间应用进程的数据传输，主要由在主机中的软件配置协议具体实现。

OSI参考模型中，对等层协议之间交换的信息单元统称为协议数据单元（Protocol Data Unit，PDU）。传输层及其以下各层的PDU有各自特定的名称：传输层中的PDU称为数据段（Segment），网络层中的PDU称为数据包或分组（Packet），数据链路层中的PDU称为数据帧（Frame），物理层中的PDU称为比特（bit）或比特流。

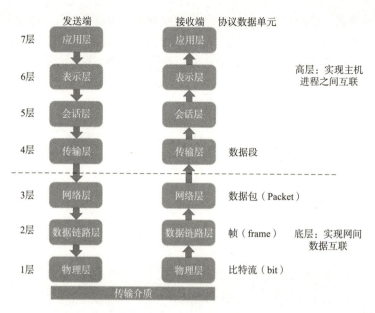

图 2-3 OSI 参考模型

各层的功能概述：
（1）物理层

物理层是参考模型中的最底层，物理层中的协议通过定义物理接口、传输介质的规格和电气性能等物理指标，实现网络中相邻节点间的比特流（bit）的传输。

物理层的主要设备：中继器、集线器。

（2）数据链路层

在物理链路上实现网络相邻节点可靠数据传输控制。依据数据链路层协议的规定，数据打包成帧，通过帧头部的控制信息，实现相邻节点的寻址和帧的可靠传输控制。数据链路层协议还要包括对介质的访问控制方法、对链路的管理等。

数据链路层引入物理地址，即 MAC 地址的概念。MAC 地址标识网络设备地址，数据帧中封装数据帧的来源 MAC 地址和目的 MAC 地址，实现相邻节点设备的互连。

数据链路层主要设备：二层交换机、网桥。

（3）网络层

数据链路层可以实现相邻的网络节点之间的数据传输，但是通信双方不一定是直接相连的，通信的源端和目的端可能要有多个中间节点进行逐点转发，即可能跨越多个网络，网络层要实现源端与目的端的数据传输。

网络层协议将数据封装为数据包（分组），并引入网络逻辑地址的概念。在数据包的控制信息中添加数据源端的网络逻辑地址和数据目的端的网络逻辑地址，网络层协议通过源端和目的端的逻辑地址，依据相应的协议规定，确定合适的数据转发路径。网络层向下屏蔽了不同数据链路层和物理层网络的差异，实现数据在不同异构网络中的传输。

网络层主要设备：路由器、三层交换机、防火墙。

（4）传输层

网络层的功能实现了网络设备之间的逻辑寻址互连，即可以通过网络层协议的控制实现不同网络间的主机寻址互连。传输层的主要功能是要实现主机进程与进程之间的互连。主机的应用程序产生应用数据对应相应的进程，为了实现进程间的可靠或不可靠传输，需要定义传输层的相关协议来实现。传输层协议引入端口号的概念来区分不同的进程，传输层将数据封装为数据分段，数据分段中的控制信息标识数据的源端口号和目的端口号。通过传输层协议的控制实现主机进程与进程间，端口与端口间的互连通信。

（5）会话层

会话指不同主机之间用户进程之间进行的信息交互。会话层提供对会话的管理功能，包括会话建立、使用和结束。

在会话过程中，可能由于网络故障导致会话中断，为了避免中断带来的数据损失，会话层提供了同步功能。会话层协议在会话连接中设置同步点，当会话出现问题时，可以从同步点快速恢复会话，避免会话中断前的数据丢失，提高网络的传输效率。

（6）表示层

表示层解决的是对应用数据的编码问题，表示层的协议并不关心数据的传输控制。表示层将数据依据表示层的协议进行编码，例如常见的 ASCII 码、Unicode 码等。

表示层协议还可以提供数据的压缩、解压缩、加密、解密等功能。

（7）应用层

应用层是用户与主机交互的接口。应用层提供了大量应用协议满足用户的各种网络应用需求。如用户要通过远程控制的方式访问某个网络设备，应用层提供的远程访问 Telnet 协议可以完成。用户要远程下载文件，应用层上的 FTP 协议可以实现。应用层的协议种类多种多样，并随着用户的需求不断的开发和扩展。

3.TCP/IP 协议

OSI 参考模型将网络数据传输的功能划分得非常清晰，明确了网络各层的功能、提供的服务。但是，OSI 参考模型并没有给出具体实现功能的协议。OSI 参考模型的层次较多，实现较为复杂。在实际的网络通信中，主要使用的是 TCP/IP 协议。TCP/IP 协议可以看作是 OSI 参考协议的简化和具体协议化。在 TCP/IP 协议中，定义了能够实现具体层次功能的相关协议，TCP 与 IP 协议是 TCP/IP 协议中最具代表性的两个协议，TCP/IP 协议也可称为 TCP/IP 协议族或协议栈。

TCP/IP 协议可以分为四层或五层协议，与 OSI 参考模型的对应关系如图 2-4 所示。

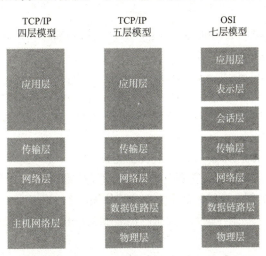

TCP/IP 协议族

图 2-4　TCP/IP 协议与 OSI 参考模型对比

TCP/IP四层协议中，将OSI的数据链路层和物理层合并为一层，称为主机网络层，将OSI的应用层、表示层和会话层的功能合并为一层，称为应用层。实际上，在TCP/IP协议中，主机网络层中没有规定具体的协议规定。TCP/IP协议在主机网络层中，是兼容现有多种不同的网络类型的，只有网络层、传输层、应用层中TCP/IP给出了详细协议特性的描述。

TCP/IP五层协议应用得更广泛，下面是该模型对应的一些常见协议：

1）物理层和数据链路层

TCP/IP协议族中没有规定这两层使用的具体协议，现有的局域网和广域网的协议规范都可以使用，例如使用IEEE 802.3协议所组建的以太网，使用IEEE 802.5协议的令牌环网、LTE无线接入网、卫星网等都可以支持使用TCP/IP协议。

2）网络层

网络层主要依靠相关协议实现不同网络之间数据包由源到目的地的寻路转发。网络层主要的协议是IP协议（Internet Protocol，IP），在发送时，网络层将传输层的数据段封装成统一格式的IP分组报文（简称为IP分组或IP数据报）进行传送。在不同类型的异构网络中，以统一格式的IP分组报文屏蔽了各异构网络的差异，从而实现多种网络的互联。

网络层主要完成以下两个工作：

- 定义逻辑地址标识，表示主机逻辑位置。在TCP/IP协议中逻辑地址即遵循IP协议规定的IP地址。IP地址标识了网络主机的网络位置，为数据的跨网寻址传输打下基础。在IP分组报文中，添加数据发送端的逻辑地址源IP地址和接收端的逻辑地址即目的IP地址。
- 路由选择。依据IP分组报文中的目的IP地址进行寻址并选择合适的路径进行分组传输。需要说明的是，IP分组报文的传输是尽力而为的无连接服务，即在传输过程中缺乏传输可靠性的控制机制，IP协议本身不能提供可靠的数据传输服务，要想实现可靠的数据传输，需要靠上层的相关协议来实现。

除IP协议外，在网络层中还有以下常见协议：传输控制信息的网际控制报文协议（Internet Control Message Protocol，ICMP），将IP地址映射为MAC地址的地址解析协议（Address Resolution Protocol，ARP），将MAC地址映射为IP地址的反向地址解析协议（Reverse Address Resolution Protocol，RARP）等。

3）传输层

传输层依靠相关协议实现，是主机进程与进程间、端口与端口间可靠或不可靠的数据传输。

TCP/IP协议中传输层主要有两个协议：

（1）传输控制协议（Transmission Control Protocol，TCP）

传输控制协议简称为TCP协议，提供面向连接的可靠服务。TCP协议使用TCP端口号表示应用进程，并具有差错检验、超时重传等机制保障数据传输可靠性，具有流量控制和拥塞控制等相关机制，实现数据端口到端口的可靠传输。

（2）用户数据报协议（User Datagram Protocol，UDP）

用户数据报协议简称为UDP协议，提供无连接的数据传输服务。UDP协议使用UDP端口号表示应用进程，缺乏可靠传输控制机制，提供的是尽力而为的传输服务。但由于其结构简单，可以实现数据的高效传输，网络开销小，适应于网络传输效率要求高但准确性要求低的应用场景，如传递视频或语音信息。

4）应用层

TCP/IP的应用层集成了OSI参考模型上三层的功能，为用户提供与网络系统的接口，对数据进行编码表示，实现压缩、加密等功能，并可以对进程间的会话进行控制，实现会话的创建、接续、结束等功能。TCP/IP 协议中应用层程序最为丰富，并在不断扩充中，常见的有：用于 WWW 服务的超文本传输协议（HTTP），用于远程网络登录控制的网络终端协议（Telnet），用于网络文件交互传输的文件传输协议（FTP），用于实现电子邮件传输的简单邮件传输协议（SMTP），用于网络域名和 IP 地址转换的域名系统（DNS），用于路由信息交互的动态路由协议（OSPF、RIP、ISIS 等）。

TCP/IP 协议族如图 2-5 所示。

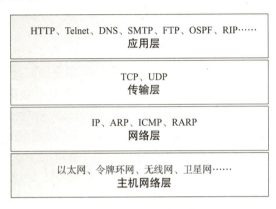

图 2-5　TCP/IP 协议族

4. IP 协议

IP 协议定义了 IP 分组的格式，定义了 IP 地址的格式，通过网络逻辑寻址和路由，实现数据在不同网络间的转发。主机发送数据时，传输层的数据段被送往网络层，由 IP 协议进行封装，依据 IP 协议规范添加 IP 报头构成 IP 分组，IP 分组也可称为 IP 数据报，报头中为 IP 协议的控制信息，IP 数据报的结构如图 2-6 所示。

IP 协议目前有 IPv6 和 IPv4 两个版本，目前普遍使用的是 IPv4 版本的 IP 协议，如不特殊强调，书中所涉及的 IP 协议均指 IPv4 协议。IPv4 分组的报头包括 20 字节的固定部分和 40 字节的可选部分，其格式如图 2-7 所示。

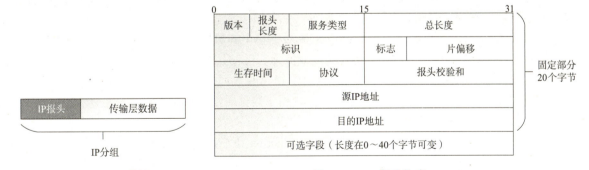

图 2-6　IP 分组结构　　　　图 2-7　IPv4 报头格式

IP 报头中各字段的含义如下：
- 版本（Version）：占 4 bit，表示 IP 协议的版本号，IPv4 其版本号为 4，即二进制 0100。
- 报头长度（Header length）：占 4 bit，长度单位为 4 字节。常规情况下取值为 5，即二进制 0101，表示报头为 20 字节。最大为 15，即二进制 1111，表示报头长度为 60 字节。

- 服务类型（Type of Service，TOS）：占 8 bit，结构如图 2-8 所示。前 3 bit 表示优先级，代表报文优先程度，随后的 4 bit 表示 4 种服务类型标志位，代表最小延迟（D）、最大吞吐量（T）、最高可靠性（R）和最小代价（C），只能置其中一位为 1，表示优先满足的服务类型，若都为 0 就意味着是一般服务，最后 1 bit 未使用。

优先级 3 bit	D 1 bit	T 1 bit	R 1 bit	C 1 bit	未用 1 bit

图 2-8　服务类型

- 总长度（Total Length）：占 16 bit，表示整个 IP 分组的长度，长度单位为字节。IP 数据报的最大长度可以为 65 535 个字节。需要注意的是，虽然 IP 报文最大允许的长度可达 65 535 字节，但是在具体的网络传输时，IP 报文在发送时，要将 IP 报文送往数据链路层，依据数据链路层协议的要求封装为帧，而不同类型的网络中对帧中数据的最大限制也不一样，这种最大限制是帧格式规定的最大传输单元 MTU，所以 IP 数据报的总长度不能超过下层数据链路层的 MTU。
- 标识符（Identification）：占 16 bit，数据报标识。一般情况下，数据链路层会限制每次发送数据帧的最大长度。如果 IP 包的长度超出了链路层的 MTU，IP 数据报就需要进行分片，属于同一 IP 数据报的分片被赋予相同的片标识。把一份 IP 数据报分片以后，只有到达目的地才进行重新组装，重组由目的端的 IP 层来完成。标识符字段的值在数据包被分片时会被复制到每个分片中，用于数据分片在目的主机上的重组。
- 标志位（Flag）：占 3 bit，表示数据报是否可以分片。第一位保留，取值为 0；第二位（DF）代表报文是否可以进行分片，取值为 0 代表可以分片，取值为 1 代表不能分片；第三位（MF）代表是否为最后一个分片，取值为 0 代表该分片是最后一个分片，取值为 1 代表还有更多的分片。DF 和 MF 的取值不能同时为 1。
- 片偏移（Fragment Offset）。占 13 bit，表示分片在源 IP 数据报中的相对位置，用于分片重组。片偏移以 8 字节为偏移单位，片偏移乘以 8 是该分片偏移原始数据包开始处的位置。
- 生存时间（Time to Live，TTL）：占 8 bit，表示网络中 IP 数据报可以经过的路由器数目。每经过一个路由器，TTL 值就会减 1，当该字段值为 0 时，数据报将被丢弃。设置生存时间的目的是避免 IP 分组无限制的在网络中转发。
- 协议（Protocol）：占 8 bit，表示封装在 IP 数据报中的数据来源于上层哪一个协议，IP 协议用协议号区分上层协议。例如，协议字段取值为 6 代表上层协议是 TCP，取值为 17 代表上层协议是 UDP，取值为 1 代表封装的数据为 ICMP 协议数据。
- 报头校验和（Head Checksum）：占 16 bit，用于接收端检查数据报头部的完整性。注意校验不包括 IP 数据报的数据部分。
- 源 IP 地址（Source IP）和目的 IP 地址（Destination IP）：各占 32 bit，标识数据包的源端设备和目的端设备的网络逻辑地址。有关 IP 地址的内容，在项目三中有详细的讲解。
- 可选字段（Option）：可选字段支持多种可选项，实现安全控制，记录路径等功能，根据选项不同，其大小为 1~40 字节。该字段很少使用，一般为 0。

二、网络数据转发过程

1. 数据的 U 形传输

TCP/IP 协议中，对各层的功能和主要协议进行了介绍，网络通信设备之间要实现对等层的通信，则需要遵循相同的层协议。数据在传输时，由发送端向接收端发送数据，是经过逐层封装处理的，封装处理就是数据在各层中，依据每一层的协议在数据上添加一个头部，头部中包含相应的控制信息，构成该层的协议数据单元（PDU），PDU 就是"头 + 数据"，当然，PDU 由不同层的协议处理而来，有不同的名字。如传输层用 TCP 协议封装 TCP 头部后，则称为 TCP 数据分段，网络层使用 IP 协议将数据添加头部后，称为 IP 数据报。数据发送时，从应用层到物理层逐层封装，在物理层封装为比特，在传输介质中传输，接收端由物理层收到比特流后，逐层剥离数据包中的包头，实际数据流向是呈 U 形传输的，如图 2-9 所示。

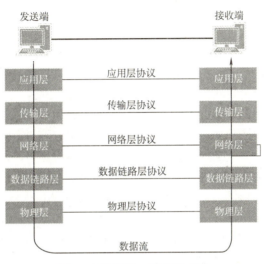

图 2-9　数据的 U 形传输（1）

实际的数据传输中，主机之间的数据传递中间会有多个通信中转设备，如交换机、路由器等，依据转发数据的原理不同，这些设备工作在 TCP/IP 协议的不同层次，数据在传递的过程中，常要经过多个设备的数据封装和解封装过程，如图 2-10 所示。

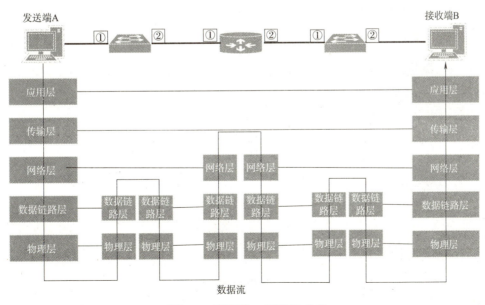

图 2-10　数据的 U 形传输（2）

2.TCP/IP 协议数据封装与解封装过程

TCP/IP 协议是目前计算机网络事实上的通信协议，下面以图 2-10 为例分析数据的封装与解封装过程。

发送端将应用层协议产生的数据，向下传递给传输层，由传输层的传输协议 TCP 协议或 UDP 协议进行封装，所谓封装就是在应用的数据上加上相应的包头，此时传输层的 PDU 称为数据分段，采用 TCP 协议封装就叫 TCP 分段。

包头中含有协议规定的标准字段，实现协议的控制功能，TCP 协议和 UDP 协议的具体工作原理不做讲解，但在传输层的数据分段中，最重要的就是为应用层的数据分配了端口号，端口号用来区分应用层程序的身份，从而通过端口号区分应用进程，包头中添加了源端口号和目的端口号，表示发送端主机应用层的相应程序要发送给接收端应用层相应程序，实现主机端与端的连接。

传输层的数据分段送往网络层，由 IP 协议封装为 IP 数据报。在 IP 数据报的报头，依据 IP 协议规范填写相应信息，其中最重要的就是填写发送方的源 IP 地址和接收方的目的 IP 地址，网络中的主机在通信前需要统一规划和部署 IP 地址信息，通过 IP 地址表示主机的网络位置，IP 地址类似邮政系统中的家庭地址，只有知道要通信主机的 IP 地址才可以进行通信。网络中的路由器是工作在第三层的设备，它可以处理 IP 数据报，根据 IP 数据报中的 IP 地址信息进行路由判断，完成数据转发。

网络层的 IP 数据报，送往数据链路层，依据数据链路层协议规定进行处理，如使用以太网技术，IP 数据报会依据以太网规范封装为以太网数据链路的 PDU，称为以太网帧。以太网帧是在 IP 数据报的头部和尾部加上包头和包尾构成的。在以太网帧头部中，最重要的信息就添加上主机的物理地址，即 MAC 地址信息。主机的 MAC 地址是主机网络接口的物理标识，通常一个网卡在生产时，就由厂家在网卡的静态存储器中固化了一串编码，当然，为了避免不同网卡出现重复的 MAC 地址，MAC 地址是由国际组织统一分配的。通过 MAC 地址，可以实现相邻节点间的数据通信。在帧中，添加了数据发送端的 MAC 地址（即源 MAC 地址）和要发往的相邻节点的 MAC 地址（即目的 MAC 地址）。交换机工作在数据链路层，交换机可以处理数据帧信息，根据帧中的 MAC 地址进行寻址转发，在交换机所连接的相邻设备上进行数据的传输。

数据帧在物理层协议的控制下，变成可以在介质中传递的比特流信息。发送端的封装过程如图 2-11 所示。

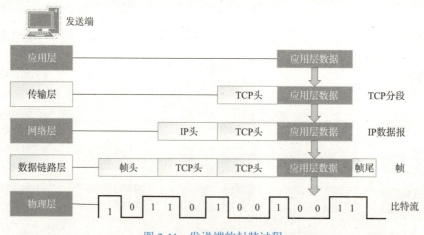

图 2-11 发送端的封装过程

与主机 A 连接的交换机是一台二层交换机，具有物理层和数据链路层的协议功能，交换机从与

A 连接的接口①中收到介质传输的信号,依据物理层协议将信号解析为二进制比特流,将比特流送往数据链路层,交换机在数据链路层协议的控制下,识别数据帧的头部和尾部的控制信息,特别是依据帧头中的源 MAC 地址和目的 MAC 地址,判断如何转发,通过查找 MAC 地址表,交换机决定从自己的某个接口发送出去。交换机将重新封装数据帧,帧中的目的 MAC 为与其选定的接口②相连的设备 MAC 地址,如图 2-10 所示,交换机将把数据发送给路由器接口,目的 MAC 地址为与其相连的路由器接口①的 MAC 地址,交换机再将帧送到物理层,变为比特流传到连接介质上。交换机的工作原理在后面的任务中有详细的介绍。

路由器是网络中的三层设备,具有一层到三层的协议结构。路由器从①号接口收到信号后,由物理层将信号解析为比特流,然后将比特流送往数据链路层协议进行处理,在数据链路层中,依据帧中的源 MAC 地址和目的 MAC 地址,判断是否接收该帧,若目的 MAC 跟①号接口的 MAC 一致,则接收该帧,将帧头部和尾部去掉,送往网络层。路由器在网络层依据网络层协议,识别 IP 报文中的头部信息,核查源 IP 地址和目的 IP 地址,路由器将依据目的 IP 地址,选择合适的转发路径,转发数据包。路由器的工作原理将在后续的项目中进行介绍。路由器依据路由表决定数据包下一跳发往与其连接的哪个设备,路由器将保持 IP 报文中的源 IP 地址和目的 IP 地址不动,把 IP 报文送往数据链路层,封装为帧,在帧中的源 MAC 地址上填写路由器出接口的 MAC 地址,目的 MAC 地址填写数据下一跳设备的 MAC 地址,如图 2-10 中所示,路由器将在数据链路层中封装源 MAC 地址为其接口②的 MAC 地址,目的 MAC 地址为其下一跳接收主机 B 的 MAC 地址。

主机 B 收到路由器发来的数据后,将逐层进行拆包头、解封装的过程。B 在数据链路层中判断帧的目的 MAC 是否为本身 MAC,若一致则拆掉帧头和帧尾送往网络层,网络层判断 IP 数据报的目的 IP 地址是否为本身 IP,若一致则拆掉 IP 头送往传输层。传输层判断 TCP 分段的报头中的目的端口号,依据端口号将 TCP 分段拆掉 TCP 头后送往应用层上的相应程序。主机 B 的解封装过程如图 2-12 所示。

注意通信一般是双向的,如果 B 要发送数据给 A 则要经过类似的封装和解封装过程。

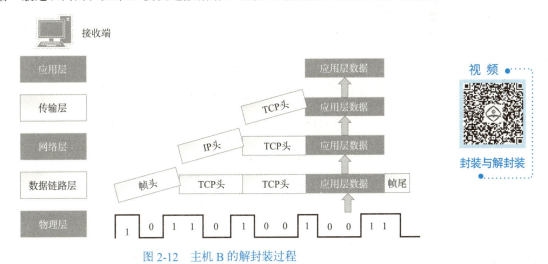

图 2-12　主机 B 的解封装过程

3.ARP 地址解析协议

通过对网络层次模型的分析,可以知道主机发送数据时,需要同时知道目的主机的 IP 地址和相应的 MAC 地址才能进行通信。如果发送主机只知道目的主机的 IP 地址,不知道对方的 MAC 地址,如何处理呢?在 TCP/IP 协议族中,提供了 ARP 地址解析协议来解决 IP 地址与 MAC 地址的映射问题。

ARP 协议工作的基本原理如下：

若发送主机向某一 IP 地址已知的目的主机发送数据包，发送主机首先查看本地 ARP 缓存表。ARP 缓存表是主机中存储已知 IP 地址和 MAC 地址映射关系的映射表。

若 ARP 地址缓存表中有目的主机 IP 所对应的 MAC 地址的映射，则使用该 MAC 地址完成数据封装后发送。

若 ARP 地址缓存表中无目的主机 IP 所对应的 MAC 地址，发送主机将在其所在的网络中广播发送 ARP 请求报文。该 ARP 请求报文携带目的主机的 IP 地址，以广播形式发送，与发送主机在同一个网络中的所有主机都可收到该报文，收到该报文的主机核查报文中携带的目的 IP 地址是否为本机的 IP 地址，若一致，则发送一个携带其自身 MAC 地址的 ARP 响应报文以单播形式发给请求 MAC 地址的发送主机。发送主机收到 ARP 响应后将获得目的 IP 所对应的 MAC 地址，即可完成数据封装，同时将 IP 与 MAC 的映射关系存到 ARP 地址缓存表中。

需要注意的是，ARP 广播报文是只能向主机所在本地网络发送的广播，发送主机通过 ARP 只能获得本地网络中主机的 IP 地址和 MAC 地址的映射关系。若目的主机与本地主机不在一个网络中时，本地主机无法直接获得目的主机的 MAC 地址。当发送主机判断目的 IP 不为本地网络的主机，将把数据发送给本地网关设备，通常为路由器或三层交换机。发送主机将通过 ARP 协议获得本地网关设备 IP 所对应的 MAC 地址，数据包将发往网关设备以后，由网关设备再进行相应的路由寻址操作。

任务实施

一、任务准备

任务要实现数据包的捕捉分析，需要以下环境准备，如图 2-13 所示。

具有网络连接功能的主机一台，安装 Windows 操作系统。

主机可通过 Internet 访问公网服务器。

主机安装有网络抓包软件 Wireshark。

图 2-13　网络连接

二、具体实施

1. 查看主机的网络配置

依次选择"开始"→"附件"→"命令提示符"命令，或同时按下"WIN+R"组合键，打开"运行"对话框，在对话框中输入"cmd"，调出命令提示符界面，如图 2-14 所示。

在命令提示符界面中输入"ipconfig/all"，显示主机的网络配置信息。命令行中显示了当前系统中所有可用网络连接的网络配置，主机若安装有一块无线网卡和一块有线网卡，则会显示本地连接和无线网络连接两个可用的网络连接，从图 2-15 中可见，主机无线连接处于激活状态，本地连接处于未被使用状态。观察无线连接配置，可以发现本机的 IPv4 地址和物理地址（MAC

地址）。

图 2-14　命令提示符界面　　　　　图 2-15　网络配置信息

2. 测试主机与 Internet 的连通性

在命令提示符对话框中输入"ping www.baidu.com",若显示图 2-16 所示的信息,则表示主机通过 Internet 可以与百度的服务器实现通信。这里使用了网络连接性测试命令 ping,其具体的使用方法在后面的项目中有详细介绍。

虽然在连通性测试中,使用了百度的域名 www.baidu.com 作为测试数据的目的地址标识,但实际主机在发送数据包时,调用了 DNS 服务,即通过远端 DNS 服务器获得了该域名所对应的 IPv4 地址,即图 2-16 中所示的百度服务器地址 39.156.66.14,主机使用该地址作为目的地址封装 IP 数据报。

图 2-16　连通性测试

3. 配置 Wireshark 软件

Wireshark 是一款高效免费的抓包工具,可以捕获并描述网络数据包,利用 Wireshark 工具可以直观地显示网络协议对数据的封装处理,有助于我们学习网络协议的相关知识。Wireshark 作为免费的开源软件,安装包可以在其官方网站下载,按照安装指引完成安装后,即可使用。

任务要求使用 Wireshark 软件捕捉网络中传输的 HTTP 报文,分析报文结构。

单击"捕获接口"按钮或单击 Wireshark 界面中的"Capture"标签,单击标签菜单下的"Interfaces"选项,如图 2-17 所示。

在图 2-18 所示的捕获接口设置界面,根据实际网络连接情况选择要捕捉的传递数据的网络

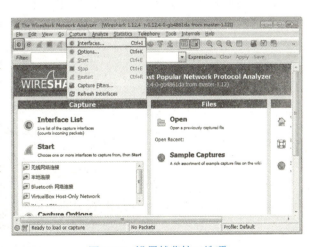

图 2-17　设置捕获接口选项

连接,单击"Start"按钮即开始捕捉所有通过该接口传输的数据包。

图 2-18　捕获接口设置

4. 数据包分析

选择开始记录以后,Wireshark 就进入数据捕捉的状态,同时在界面中显示当前捕捉到的数据包信息,详细界面如图 2-19 所示。

图 2-19　数据捕捉界面

打开操作系统的浏览器,输入"www.baidu.com",按"Enter"键显示百度页面。同时,在 Wireshark 的数据包列表区中将显示当前网络通信中捕捉到的所有数据包,由于网络中产生数据包的协议很多,所以界面中会有大量的数据包。

单击"停止捕捉"按钮,在显示过滤栏中输入"HTTP",筛选出 HTTP 数据包,选中一条源地址为本机 IP,目的地址为百度网站的 IP 地址进行分析,如图 2-20 所示(本地主机 IP 和百度网站 IP 的查看方法详见前述知识链接)。

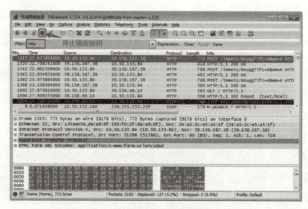

图 2-20　过滤 HTTP 协议数据包

在数据包信息区可以看到所选数据包的详细信息，或双击要分析的数据包，将单独显示数据包信息窗口，如图 2-21 所示。

图 2-21　HTTP 数据包详细信息

从数据包的详细信息中可以看见数据包逐层封装的相关内容，数据封装采用 TCP/IP 协议族中的相关协议进行逐层封装，对应关系如下：

- FRAME：物理层信息。
- Ethernet II：数据链路层帧头部信息。
- Internet protocol version 4：网络层 IP 协议封装头部信息。
- Transmission Control Protocol：传输层 TCP 协议封装头部信息。
- Hypertext Transfer Protocol：应用层 HTTP 协议信息。

单击"+"号可以展开该层数据包头部的具体内容，如图 2-22 所示。

图 2-22　包头信息展开

观察第 2 层、第 3 层和第 4 层数据包的头部，可以发现每层头部中的重要地址信息。

请读者根据自己所学习过的知识，分析所捕获数据包的头部的地址信息，填写 IP 层数据报头部信息，完成下表 2-1。

表 2-1　填写信息

封装层	协议	地址信息
第 4 层 传输层	TCP 协议	源端口号：_____ 目的端口号：_____
第 3 层 网络层	IP 协议	源 IP 地址：_____ 目的 IP 地址：_____
第 2 层 数据链路层	以太网 II 型帧	源 MAC 地址：_____ 目的 MAC 地址：_____

填写 IP 数据报头部信息。

```
0                          15                                              31
┌────┬────────┬──────────────┬──────────────────────────────┐
│版本:│报头长度:│  服务类型:    │          总长度:              │
├────┴────────┴──────────────┼──────┬───────────────────────┤
│         标识:               │ 标志: │      片偏移:            │
├──────────────┬─────────────┴──────┴───────────────────────┤
│  生存时间:    │     协议:     │      报头校验和:              │
├──────────────┴──────────────┴──────────────────────────────┤
│                    源IP地址:                                 │
├──────────────────────────────────────────────────────────────┤
│                    目的IP地址:                                │
├──────────────────────────────────────────────────────────────┤
│                     可选字段                                   │
└──────────────────────────────────────────────────────────────┘
```

能力拓展

在以太网数据传输中，ARP 协议实现了获取 MAC 地址和 IP 地址的映射关系，ARP 协议是实现网络数据封装从三层到二层封装实现的重要协议。

请查询相关资料，学习 ARP 协议报文的结构，学习如何查询本机的 ARP 缓存，通过 Wireshark 软件捕捉并分析 ARP 协议报文，理解 ARP 协议在数据传输中的应用。

认证习题

选择题

1. （单选）交换机工作在 OSI 参考模型中的（   ）。
   A. 物理层　　　　　　B. 数据链路层　　　　C. 网络层　　　　　　D. 传输层
2. （单选）路由器工作在 OSI 参考模型中的（   ）。
   A. 物理层　　　　　　B. 数据链路层　　　　C. 网络层　　　　　　D. 传输层
3. （单选）在 OSI 参考模型中，实现端到端差错检测和流量控制的是（   ）。
   A. 物理层　　　　　　B. 数据链路层　　　　C. 网络层　　　　　　D. 传输层
4. （多选）IPv4 首部中的（   ）字段和分片相关。
   A. Fragment Offset　　B. Flags　　　　　　C. TTL　　　　　　　D. Identification
5. （单选）下列（   ）不可能是 IPv4 数据包首部长度。
   A. 20 Byte　　　　　　B. 60 Byte　　　　　C. 32 Byte　　　　　D. 64 Byte
6. （单选）数据在传输过程中的数据的压缩和解压缩，加密和解密等工作是由 OSI（   ）提供的服务。
   A. 应用层　　　　　　B. 表示层　　　　　　C. 传输层　　　　　　D. 数据链路层
7. （单选）数据传送的逻辑编址和路由选路位于 OSI 参考模型的（   ）。
   A. 应用层　　　　　　B. 表示层　　　　　　C. 网络层　　　　　　D. 会话层
8. （单选）下列关于以太网二层交换机特点的描述，正确的是（   ）。
   A. 网络层设备　　　　　　　　　　　　　　B. 根据链路层信息进行数据帧的转发
   C. 与路由器相比，端口密度小　　　　　　D. 可以支持多种路由协议
9. （单选）下列所述的（   ）是无连接的传输层协议。
   A. TCP　　　　　　　B. UDP　　　　　　　C. IP　　　　　　　　D. SPX

项目 1 | 走进网络的世界

10.（单选）高层的协议将数据传递到网络层后，形成（　　），而后传送到数据链路层。
　　A. 数据帧　　　　　　B. 数据流　　　　　　C. 数据分组　　　　　D. 数据段

11.（单选）DNS 工作于（　　）。
　　A. 网络层　　　　　　B. 传输层　　　　　　C. 会话层
　　D. 表示层　　　　　　E. 应用层

12.（单选）IP、Telnet、UDP 分别是 OSI 参考模型的哪一层协议？（　　）
　　A. 1、2、3　　　　　B. 3、4、5　　　　　C. 4、5、6　　　　　D. 3、7、4

13.（单选）数据分段是 OSI 参考模型中的（　　）完成的。
　　A. 物理层　　　　　　B. 网络层　　　　　　C. 传输层
　　D. 接入层　　　　　　E. 分发层　　　　　　F. 数据链路层

14.（单选）下列（　　）协议属于 TCP/IP 的网际层。
　　A. ICMP　　　　　　　B. PPP　　　　　　　C. HDLC　　　　　　D. RIP

15.（单选）OSI 参考模型是由下列选项中（　　）提出的。
　　A. IEEE　　　　　　　B. 美国国家标准局（ANSI）
　　C. EIA/TIA　　　　　 D. IBA　　　　　　　 E. ISO

任务测评

任务 2　使用网络参考模型分析网络数据包（100 分）

学号：
姓名：

序号	评分内容	评分要点说明	小项加分	得分	备注
一、网络基本配置（24 分）					
1	主机安装 TCP/IP 协议族（8 分）	正确查看和配置主机 TCP/IP 协议族，加 8 分			
2	查看网络配置（8 分）	在主机命令行中查看网络状态，正确辨识网络连接相关参数，记录 MAC 地址和 IP 地址等信息，加 8 分			
3	Internet 联通测试（8 分）	命令行中通过 ping 命令测试主机与 Internet 的连通性，正确辨识相关测试指标，加 8 分			
二、Wireshark 的配置（16 分）					
4	主机安装 Wireshark 软件（8 分）	正确下载安装 Wireshark 软件，加 8 分			
5	Wireshark 基本配置（8 分）	正确设置接口捕获选项，熟练进行数据捕捉和过滤操作，加 8 分			
三、数据分析（60 分）					
（1）分析数据封装的层次结构（36 分）					
6	主机调用 HTTP 协议产生待分析数据包（8 分）	正确使用主机浏览器，输入测试网址，产生 HTTP 数据包，加 8 分			
7	配置 Wireshark 捕获 HTTP 数据包（8 分）	正确配置 Wireshark 软件，捕获并记录本地与 Internet 连接的接口数据，通过过滤功能找到 HTTP 数据包，加 8 分			

续表

任务 2 使用网络参考模型分析网络数据包（100 分）			学号： 姓名：		
序号	评分内容	评分要点说明	小项加分	得分	备注
三、数据分析（60 分）					
（1）分析数据封装的层次结构（36 分）					
8	数据包结构分析（20 分）	正确辨析数据包层次封装结构，记录各层头部寻址参数，加 10 分，可完整复述数据封装和解封装过程，加 10 分			
（2）IP 数据报结构分析（24 分）					
9	IP 数据报的头部参数辨识（10 分）	正确获取 IP 数据报头部参数，加 10 分			
10	IP 数据报头部参数分析记录（14 分）	正确记录相关参数具体值，并复述参数所代表的具体含义，加 14 分			

任务 3　使用网络传输介质实施网络综合布线

📝 任务描述

因 HZY 学院整体规划安排，委托 NET 公司将学校 2 号教学楼 415 网络技术实训室整体迁移至 315 实训室，公司责成小王进驻学校重新进行网络综合布线，实训室包含 1 台教师机、40 台学生机、两台交换机，实训室布局不变，需选择使用合适的网络传输介质实施网络设备的互联，完成新实训室的网络综合布线。

👨‍💼 任务解析

本次实训室的综合布线的任务属于小型局域网，需要完成的内容包括选择合适的网络传输介质、制作网线跳线，为了更好地后期维护，还要对跳线进行合理的标记。

⚙️ 知识链接

一、网络信号

1. 信号

信息化时代已经不告而至，我们时时刻刻被各种各样的信号包围，信号的本质是表示消息（信息）的物理量，如常见的正弦电信号，如果是不同的幅度、不同的频率，或不同相位则表示不同的消息（信息）。

以信号为载体的数据可表示现实物理世界中的任何信息，如文字、图像等，信号是信息传递的媒介，如描述某一件物体，它的长、宽、高、质地、颜色、气味等就是用以形容该物体的数据。通过这些数据，我们得到了关于该物体的信息。

2. 信号的分类

信号可以分为模拟信号和数字信号，如图 3-1 和图 3-2 所示。

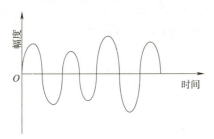 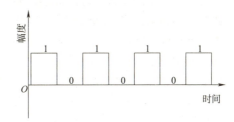

图 3-1　模拟信号　　　　　　　　　　图 3-2　数字信号

如图 3-1 所示，模拟信号是指用连续变化的物理量表示的信息，其信号的幅度（或频率、相位）随时间作连续变化，或在一段连续的时间间隔内，其代表信息的特征量可以在任意瞬间呈现为任意数值的信号。

如图 3-2 所示，数字信号是不连续的物理量，信号参数也不连续变化。数字信号使用几个不连续的物理状态来代表数字。电报信号就属于数字信号。最常见的数字信号为取值两种（用 0 和 1 代表）波段的信号，被称为"二进制信号"。

3. 信号失真

信号在传输过程中，因为受到外界干扰或传输介质本身具有的阻抗等特性，会产生一定程度的失真，信号失真的原因主要有以下两个：

（1）噪声

信号在信道中传输时，往往会受到噪声的干扰。"噪声"的简单定义：在信号的传输、处理过程中，由于设备自身、环境干扰等原因而产生的附加信号。这些信号与输入信号无关，是有害的。

（2）衰减

除了噪声以外，影响信号传输的另一个因素是信号的衰减，即随着信号的传播，能量逐渐减少。模拟信号和数字信号在传播过程中都存在衰减，为了补偿衰减，在传播过程中要经常对数字信号和模拟信号进行放大处理。如图 3-3 所示，模拟信号的问题在于当它被放大时，伴随的积累噪声也将被放大，这将使得模拟信号的变形更加严重。

4. 数字信号的优点

数字信号在保密性、抗干扰、传输质量等方面比模拟信号要好，且更加节约信号传输通道资源。数字信号采用再生中继方式，能够消除噪声，所以再生的数字信号和原来的数字信号一样，可以继续传输下去，这样通信质量便不受距离的影响，如图 3-4 所示。在现代技术的信号处理中，数字信号发挥的作用越来越大，几乎所有复杂的信号处理都离不开数字信号。

 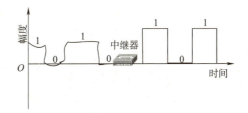

图 3-3　模拟信号放大变形　　　　　　图 3-4　数字信号中继传输

在数字电路中，数字信号只有0、1两个状态，它的值是通过中央值来判断的，在中央值以下规定为0，以上规定为1，所以即使混入了其他干扰信号，只要干扰信号的值不超过阈值范围，就可以再现出原来的信号。即使因干扰信号的值超过阈值范围而出现了误码，只要采用一定的编码技术，也很容易将出错的信号检测出来并加以纠正。因此，与模拟信号相比，数字信号在传输过程中具有更高的抗干扰能力、更远的传输距离，且失真幅度小。

数字信号在传输过程中不仅具有较高的抗干扰性，还可以通过压缩占用较少的带宽，实现在相同的带宽内传输更多、更高视频等数字信号的效果。此外，数字信号还可用半导体存储器来存储，并可直接用于计算机处理。若将电话、传真、电视所处理的图像、文本、视频等数据及其他各种不同形式的信号都转换成数字脉冲来传输，还有利于组成统一的通信网，实现今天各界人士和电信工业者们极力推崇的综合业务数字网络（ISDN），为人们提供全新的，更灵活方便的服务。正因为数字信号具有上述突出的优点，它已经取得了十分广泛的应用。

二、有线传输介质

1．双绞线

双绞线（Twisted pair，TP）是网络综合布线工程中最常用的传输介质，是由两根具有绝缘保护层的铜导线组成的。把两根绝缘的铜导线按一定密度互相绞在一起，每一根导线在传输中辐射出来的电波会被另一根线上发出的电波抵消，有效降低信号干扰的程度。典型的双绞线由4对铜线组成，也有16对、25对的双绞线。

与其他传输介质相比，双绞线在传输距离、信道宽度和数据传输速度等方面均受到一定限制，但价格较为低廉，因此双绞线是办公环境的首选材质。

1）双绞线的分类——屏蔽双绞线与非屏蔽双绞线

按照有无屏蔽层分类，双绞线分为屏蔽双绞线与非屏蔽双绞线，如图3-5和图3-6所示。

图3-5　屏蔽双绞线　　　　　图3-6　非屏蔽双绞线

屏蔽双绞线在双绞线与外层绝缘封套之间有一个金属屏蔽层。屏蔽双绞线细分为STP（Shielded Twisted-Pair）和FTP（Foil Twisted-Pair）。STP指每条线都有各自的屏蔽层，而FTP只在整个电缆有屏蔽装置，并且两端都正确接地时才起作用，所以FTP要求整个系统是屏蔽器件，包括电缆、信息点、水晶头和配线架等，同时建筑物需要有良好的接地系统。屏蔽层可减少辐射，防止信息被窃听，也可阻止外部电磁干扰的进入，屏蔽双绞线比同类的非屏蔽双绞线具有更高的传输速率。但是在实际施工时，很难全部完美接地，从而使屏蔽层本身成为最大的干扰源，导致性能甚至远不如非屏蔽双绞线。所以，除非有特殊需要，通常在综合布线系统中只采用非屏蔽双绞线。

非屏蔽双绞线（Unshielded Twisted Pair，UTP）是一种数据传输线，由四对不同颜色的传输线所组成,广泛用于以太网和电话线中。

非屏蔽双绞线电缆具有以下优点:
- 无屏蔽外套,直径小,节省所占用的空间,成本低。
- 重量轻,易弯曲,易安装。
- 将串扰减至最小或加以消除。
- 具有阻燃性。
- 具有独立性和灵活性,适用于结构化综合布线。

因此在综合布线系统中,非屏蔽双绞线得到广泛应用。

2)双绞线的分类——按照频率和信噪比

按电气性能划分的话,双绞线还可以分为:一类、二类、三类、四类、五类、超五类、六类、超六类、七类,如表3-1所示。

表3-1 双绞线分类

型 号	特 点
一类线(CAT1)	线缆最高频率带宽是750 kHz,用于报警系统,或只适用于语音传输,不用于数据传输
二类线(CAT2)	线缆最高频率带宽是1 MHz,用于语音传输和最高传输速率4 Mbit/s的数据传输,常见于使用4 Mbit/s规范令牌传递协议的旧的令牌网
三类线(CAT3)	指在ANSI和EIA/TIA 568标准中指定的电缆,该电缆的传输频率16 MHz,最高传输速率为10 Mbit/s,主要应用于语音、10 Mbit/s以太网(10BASE-T)和4 Mbit/s令牌环,最大网段长度为100 m,采用RJ形式的连接器,已淡出市场
四类线(CAT4)	该类电缆的传输频率为20 MHz,用于语音传输和最高传输速率16 Mbit/s的数据传输,主要用于基于令牌的局域网和10BASE-T/100BASE-T。最大网段长为100 m,采用RJ形式的连接器,未被广泛采用
五类线(CAT5)	该类电缆增加了绕线密度,外套一种高质量的绝缘材料,线缆最高频率带宽为100 MHz,最高传输率为100 Mbit/s,用于语音传输和最高传输速率为100 Mbit/s的数据传输,主要用于100BASE-T和1000BASE-T网络,最大网段长为100 m,采用RJ形式的连接器。这是最常用的以太网电缆。在双绞线电缆内,不同线对具有不同的绞距长度
超五类线(CAT5e)	超五类线衰减小,串扰少,并且具有更高的衰减与串扰的比值(ACR)和信噪比(SNR)、更小的时延误差,性能得到很大提高。超五类线主要用于千兆位以太网
六类线(CAT6)	该类电缆的传输频率为1 MHz~250 MHz,六类布线系统在200 MHz时综合衰减串扰比(PS-ACR)应该有较大的余量,它提供2倍于超五类的带宽。六类布线的传输性能远远高于超五类标准,最适用于传输速率高于1 Gbit/s的应用。
超六类(CAT6A)	此类产品传输带宽介于六类和七类之间,传输频率为500 MHz,传输速度为10 Gbit/s,标准外径6 mm。和七类产品一样,国家还没有出台正式的检测标准,只是行业中有此类产品,各厂家宣布一个测试值
七类线(CAT7)	传输频率为600 MHz,传输速度为10 Gbit/s,单线标准外径8 mm,多芯线标准外径6 mm

双绞线型号数字越大、版本越新,其技术越先进、带宽也越宽,当然价格也越贵。无论是哪一种线,衰减都随频率的升高而增大。在设计布线时,要考虑到受到衰减的信号还应当有足够大的振幅,以便在有噪声干扰的条件下能够在接收端正确地被检测出来。双绞线能够传送多高速率的数据还与数字信号的编码方法有很大的关系。

3)双绞线制作工具

(1)压线钳

压线钳是用来压制水晶头的一种工具,如图3-7所示。常见的电话线接头和网线接头都是用压线钳压制而成的,常用的网线制作部分包括剪线口、剥线口和压接口,具体制作过程请参照后续任务步骤。

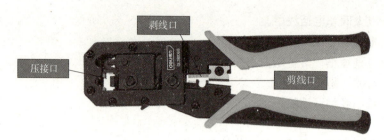

图 3-7 压线钳（网线钳）

（2）RJ-45 连接头

RJ-45 连接头如图 3-8 所示，这是一种能沿固定方向插入并自动防止脱落的塑料接头，俗称"水晶头"，适用于设备间或水平子系统的现场端接，每条双绞线两头通过安装水晶头与网卡和集线器或交换机相连。类似的还有 RJ-11 接口，就是我们平常所用的"电话接口"，用来连接电话线。

（3）测线仪

测线仪如图 3-9 所示，用于测试双绞线的连通性。将双绞线跳线两端的水晶头分别插入主测线仪和远程测试端的 RJ-45 接口，将开关调至"ON"，如果测试的线缆为直通线，主测线仪和远程测试端的指示灯会依次闪亮，如果某灯不亮，则该灯对应线路不通；如果多灯同时亮，则为对应多线短路；如果不按一定顺序亮，则接水晶头时线序不对。

图 3-8 RJ-45 连接头（水晶头）

图 3-9 测线仪

4）双绞线的线序标准

在双绞线制作标准中应用最广的是 ANSI EIA/TIA-568A 和 ANSI EIA/TIA-568B，我们简称为 568A 和 568B。这两个标准最主要的不同就是芯线序列的不同，依据芯线外侧线皮的颜色不同，定义两类标准的线序如图 3-10 所示。

568A 的线序依次为白绿、绿、白橙、蓝、白蓝、橙、白棕、棕。

568B 的线序依次为白橙、橙、白绿、蓝、白蓝、绿、白棕、棕。

568A 线序

568B 线序

图 3-10 双绞线线序标准

制作双绞线要将8根双绞线按相应的线序排列后与RJ-45水晶头进行连接。

RJ-45水晶头前端有8个凹槽，凹槽内有8个金属触点，连接双绞线和RJ-45水晶头时需要将双绞线的8根不同颜色的线按照规定的线序插入RJ-45水晶头的8个凹槽。

根据568A和568B标准，RJ-45连接头（俗称水晶头）各触点在网络连接中，对传输信号来说它们所起的作用分别是：1、2用于发送，3、6用于接收，4、5、7、8是双向线；对与其相连接的双绞线来说，为降低相互干扰，实际上两个标准568A和568B没有本质的区别，只是连接RJ-45时8根双绞线的线序排列不同，在实际的网络工程施工中较多采用568B标准。

5）双绞线的制作类型——直通线、交叉线与反转线

常用的双绞线网线是一定长度的双绞线，两端各带有一个水晶头（RJ-45），用于连接网络设备及终端等，双绞线的制作分为直通线、交叉线和反转线。

- 直通线：又叫正线或标准线，双绞线两端水晶头（RJ-45）使用同一种标准制作，即8条线排列顺序采用同一标准规定的顺序。直通线制作时，双绞线两端的线序采用标准568A和标准568B都可以，但是多数情况下双绞线两端采用标准568B。常使用直通线连接不同类型的网络设备，例如，路由器与交换机之间的连接、PC与交换机之间的连接、路由器与交换机之间的连接等。但需要注意，一般路由器与PC之间连接时是不使用直通线的，而需要使用交叉线。
- 交叉线：又叫反线，网线两端水晶头（RJ-45）一端采用标准568A制作，另一端采用标准568B制作。交叉线主要用于连接相同类型网络设备，例如，PC之间的连接、集线器之间的连接、交换机与交换机之间的连接、路由器与路由器之间的连接等。
- 反转线：双绞线的一端可以是568A标准或者568B标准，另外一端要按照相反的方向，反转线不是用来连接各种以太网部件的，而是用来实现从主机到路由器控制串行通信(com)端口的连接。

随着技术的发展，一些网络设备的接口具备了线序自适应的功能，可以自动识别双绞线的类型，通过自动调整端口内部的电气特性来配合相应类型的双绞线进行通信。可以通过设备说明书来识别设备端口是否具有线序自适应功能。直通线、交叉线与反转线的使用如图3-11所示。

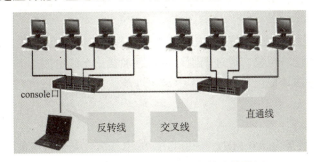

图3-11　直通线、交叉线与反转线的使用

2. 光纤

光纤(Fiber)是光导纤维的简称，是一种由玻璃或塑料制成的纤维，是传输光束的细而柔韧的媒质，光导纤维线缆由一捆光导纤维组成，由于其不受电磁干扰和射频干扰的影响，具有更高的数据传输率和更远的传输距离，对各种环境因素具有更强的抵抗力。这些特点使得光纤成为目前计算机网络中常用的传输介质之一。

（1）光纤的分类

光纤有两种形式：单模光纤和多模光纤。单模光纤使用光的单一模式传送信号，而多模光纤使用光的多种模式传送信号。

- 单模光纤是指在工作波长中,只能传输一个传播模式的光纤,通常简称为单模光纤(Single Mode Fiber,SMF),如图 3-12 所示。在有线电视和光通信中,应用最广泛的是光纤。

图 3-12　单模光纤

- 多模光纤将光纤按工作波长以其传播可能的模式为多个模式的光纤称作多模光纤(Muiti Mode Fiber,MMF),如图 3-13 所示。纤芯直径为 50 μm,由于传输模式可达几百个,与 SMF 相比,传输带宽主要受模式色散支配,用于有线电视和通信系统的短距离传输。

图 3-13　多模光纤

两种光纤在结构及布线方式上有很多不同,单模光纤只允许一束光传播,光信号损耗很低,离散也很小,传播距离远。多模光纤是以多个模式同时传输的光纤,从而形成模分散,限制了带宽和距离,多模光纤的芯径更大、传输速度低、距离短、成本低。

(2)光纤的优点

光纤传输有许多突出的优点:频带宽、损耗低、重量轻、抗干扰能力强、保真度高、工作性能可靠、成本不断下降,今后光纤传输将占绝对优势,成为网络最主要的传输手段。

三、无线传输介质

在计算机网络中,无线传输可以突破有线网的限制,利用空间电磁波实现站点之间的通信,可以为广大用户提供移动通信,最常用的无线传输介质有无线电波、微波和红外线。

1. 无线电波

无线电技术是通过无线电波传播声音或其他信号的技术。它的原理在于,导体中电流强弱的改变会产生无线电波。利用这一现象,通过调制可将信息加载于无线电波之上。当电波通过空间传播到达接收端,电波引起的电磁场变化又会在导体中产生电流。通过解调将信息从电流变化中提取出来,就达到了信息传递的目的。

2. 微波

微波是指频率为 300 MHz~300 GHz 的电磁波,是无线电波中一个有限频带的简称,微波频率比一般的无线电波频率高,通常也称为超高频电磁波。

3. 红外线

红外线是太阳光线中众多不可见光线中的一种,红外线通信不易被人发现和截获,保密性强,同时它几乎不受到电气、天电、人为干扰,抗干扰性强。此外,红外线通信机体积小、重量轻,结构简单,价格低廉。但是它必须在直视距离内通信,且传播受天气的影响。在不能架设有线线路,而使用无线电波又怕暴露自己的情况下,使用红外线通信是比较好的。

四、线缆的标识与整理

在网络布线系统中,由于线缆的数量众多,当需要对线缆进行添加、修改和移动时,工作人员

● 视　频

线缆标识与整理

如果没有对线缆进行标记和整理，将会为线缆的维护带来很多麻烦。因此，在网络布线过程中对线缆进行标识和整理是网络布线中非常重要的一环，有利于提高工作效率。

1. 线缆标识规范

根据 TIA/EIA 606 标准（商业建筑物电信基础结构管理标准）的规定，传输机房、设备间、双绞线、光纤、接地线等都有明确的标号标准和方法。具体规定如下：

- 综合布线系统工程宜采用计算机进行文档记录与保存，规模较小的工程可按图纸资料等纸质文档进行管理，并做到记录准确、及时更新、便于查阅。
- 综合布线的每一条电缆、光缆、配线设备、端接点、接地装置、敷设管线等组成部分均应给定唯一的标识。标识应采用相同数量的字母和数字等标明。
- 电缆和光缆的两端均应标明相同的标识符。
- 设备间、电信间、进线间的配线设备宜采用统一的色标区别各类业务与用途。

2. 常用线缆标识

根据 EIA/TIA 606 标准推荐两种线缆标识方法：线缆标签和套管标签。

- 线缆标签可直接缠绕黏贴在线缆上，一般以耐用的化学材料作为基材，这种材料的拉伸性能较好，且具有防水、防油污和防有机溶剂等性能，不易燃烧，如图 3-14 所示。
- 套管标签的固定性和永久性较好，一般用于特殊的环境，由于其安装比较麻烦且必须在布线完成后使用，实际的企业布线环境中很少用到，如图 3-15 所示。

图 3-14 线缆标签

图 3-15 套管标签

日常见到的线缆标签有旗形的（见图 3-16）、有覆盖保护膜的（见图 3-17）、有吊牌的（见图 3-18）。线缆标识的实施可以为用户维护和管理带来最大的便利，提高其管理水平和工作效率，减少网络配置时间。当然，进行线缆标识成本也较高，所以有些中小型公司实际施工过程中很难保证其规范性，用廉价的普通纸质标签代替专业标签或直接书写在线缆上（见图 3-19），这种方法虽然经济实惠，但字迹容易模糊，会为后期的网络维护带来不便，还是应该按着标准进行线缆标识。

图 3-16 旗形标签

图 3-17 覆盖保护膜标签

图3-18 吊牌标签

图3-19 手写标签

3. 线缆的整理

对于没有进行线缆标识或廉价打印标识模糊不清的综合布线系统工程，需要对现有线缆进行整理并重新标识。

当网络线缆已经连接网络设备，如何在众多线缆中找到与之对应的接口？

通过观察可以发现，交换机对应着的每个接口都会有指示灯，如果交换机接口的物理连接正常，交换机就会亮起并显示为浅绿色，反之指示灯会熄灭，于是可以借助这些指示灯使需要调整的网线得以区分。

日常正常运营的公司最好在下班后进行线缆整理，具体方法如下：

①准备标签纸，打印或填写好标签内容。

②确保网络设备及网络接口正常。

③准备好线缆测试设备。

④将主机处于关闭状态，交换机指示灯全部熄灭。

⑤将需要整理线缆的主机线缆拔出，插在测线仪上，然后到设备一端观察指示灯的变化，指示灯亮起，对应的接口线缆即为测试线缆的另一端，确认后贴好标签，将线缆接回原主机。

重复上述过程，逐一确定对应关系并做好线缆标识。

任务实施

一、材料、工具准备

1. 跳线制作工具

制作双绞线的过程中需要用到的工具材料：一根双绞线、两个RJ-45接头、一把压线钳和一个连通性测线仪，如图3-20所示。

2. 线缆标识准备

为教师机、学生机各自的线缆进行规范命名，形成文档并打印两份，一份用于施工，一份用于备案存档，如表3-2所示。

图3-20 跳线制作工具

表 3-2 线缆标识备案

设 备 名	线缆标识
教师机	315-Teacher
学生机工位 1	315-S1
学生机工位 2	315-S2
……	……
学生机工位 40	315-S40

用线缆标签打印纸准备教师机及学生机对应的线缆标签对，如图 3-21 所示。

图 3-21 线缆标识

3. 安全准备

正确佩戴防静电手环，使操作人员接地。这种做法是控制静电花费最少的方法，而且能产生最为直接的效果。手环能在静电损坏电子产品之前驱散人体所带静电。因此，电子行业普遍使用防静电手环，以充分保护静电敏感装置。

二、制作双绞线步骤

1. 剥线

①使用压线钳的剪线口按所需双绞线的长度剪下一段双绞线，如图 3-22 所示，初学者练习时建议长度至少 0.6 m，实际综合布线时要为收尾的理线预留一定的长度。

②利用压线钳的剥线口将双绞线的外皮除去约 3 cm，如图 3-23 所示。

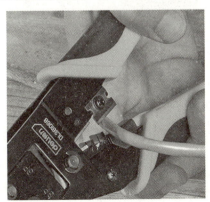

图 3-22 剪线口剪断双绞线

图 3-23 剥线口剥离双绞线外皮

2. 理线

如图 3-24 所示，将裸露的双绞线中的橙色对线拨向自己的左方，棕色对线拨向右方，绿色对线拨向前方，蓝色对线拨向后方，小心地剥开每一对线，按 568B 标准（白橙—橙—白绿—蓝—白蓝—绿—白棕—棕）排列好。

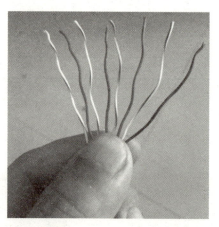

图 3-24　理线（568B 线序）

> **小贴士：**
>
> 双绞线外皮剥落后，除 8 根线芯外，还能看见一条絮状白线，它的作用是什么？
> 在布线工程中，需要拉扯网线进行布线，在拉扯的过程中很容易造成铜芯内断，除了双绞线外皮提供保护，加入这种白色尼龙绳来增加网线的抗拉性，从而保护铜芯不容易内断，在制作跳线的过程中，为了不影响理线，可将裸露出来的一段白线剪断。

如果制作的是直通线，则双绞线两端均采用 568B 标准线序理线排序；如果制作的是交叉线，另一端双绞线按 568A 标准（白绿—绿—白橙—蓝—白蓝—橙—白棕—棕）。

3. 剪线

如图 3-25 所示，双手拇指指肚和食指侧位用力捏紧网线，其他手指辅助用力。左手保持原位，右手用力往后捋，同时沿水平方向，两边交替稍稍扭动（角度水平 30°左右），直至网线末端，使双绞线排列整齐，将裸露出的双绞线用压线钳的剪线口剪下，只剩约 14 mm 的长度，并剪齐线头。

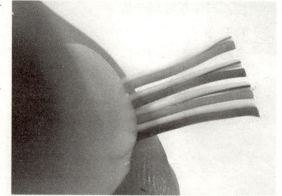

图 3-25　剪线

4. 插线

准备一个 RJ-45 水晶头，铜片向上方向，将双绞线的每一根线依序放入 RJ-45 水晶头的引脚内，第一只引脚内应该放白橙色的线，其他类推，如图 3-26 所示，注意插到底，直到另一端可以看到铜线芯为止。

5. 压线

如图 3-27 所示，将 RJ-45 水晶头推入压线钳压制 RJ-45 网线接口的夹槽，用力握紧压线钳，将突出在外的针脚全部压入水晶头内，用同样的方法完成另一端的制作。

项目 1 | 走进网络的世界

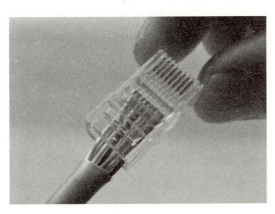

图 3-26　插线

图 3-27　压线

6. 测线

制作完双绞线后，下一步需要检测它的连通性，以确定是否有连接故障。如图 3-28 所示，将双绞线跳线两端的水晶头分别插入主测线仪和远程测试端的 RJ-45 接口，将开关调至"ON"，如果测试的线缆为直通线，主测线仪的指示灯从 1～8 逐个顺序闪亮时，远程测试端的指示灯也应从 1～8 逐个顺序闪亮。如果测试的线缆为交叉线，主测线仪的指示灯从 1～8 逐个顺序闪亮时，远程测试端指示灯会按照 3、6、1、4、5、2、7、8 这样的顺序依次闪亮。

三、线缆标识

将制作好的双绞线跳线两端进行线缆标识，将事先准备好的一对标签纸贴在线缆的两端，接入交换机，观察交换机指示灯、教师机/学生机网卡指示灯亮起，即代表线缆连接正常。

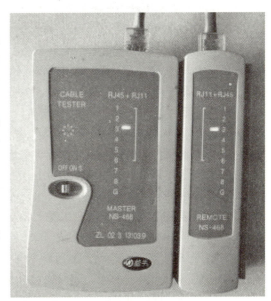

图 3-28　测线

> **小贴士：**
> 所有标签应保持清晰、完整，标签应能够经受环境的考验，比如潮湿、高温、紫外线。标签应该具有与所标识的设施相同或更长的使用寿命，聚酯、乙烯基或聚烯烃等材料通常是最佳的选择，不建议手写标签。

四、收尾工作

综合布线是靠团体作战，不是单兵作战，所以规范性对企业来说至关重要。实训室综合布线完成后，施工人员需按照 6S 管理规范——整理（Seiri）、整顿（Seiton）、清扫（Seiso）、清洁（Seiketsu）、素养（Shitsuke）、安全（Security），完成布线收尾工作，保证实训室的干净整洁。

> **小贴士：**
> "世界技能大赛信息网络布线项目技能标准规范"布线部分的评分标准包含以下内容：
> - 完成操作和类似的活动后清洁工作区域。
> - 保持客户建筑物的干净整洁。

能力拓展

综合布线的常用传输介质中，双绞线广泛应用于小范围的以太网中，而光纤主要应用在长距离通信干线、城域网、局域网的主干线路中。因此在长距离传输时可以选择光纤作为传输介质，请查阅资料了解制作光纤跳线需要哪些工具和设备，以及制作光纤跳线、熔纤、盘纤的具体方法。

认证习题

一、单选题

1. 下列不属于传输介质的是（　　）。
   A. 双绞线　　　　B. 光纤　　　　C. 声波　　　　D. 电磁波
2. 下列那种情况应使用直通线？（　　）
   A. PC—交换机　　B. HUB—交换机　　C. PC-console口　　D. 交换机—交换机
3. 按照综合布线铜缆系统的分级，下列哪类系统的支持带宽在 200 Mbit/s 以上？（　　）
   A. 五类　　　　B. 超五类　　　　C. 六类　　　　D. 七类
4. 根据 GB/T 50312—2016 的规定，线缆的检验应符合下列哪些要求？（　　）
   A. 工程使用的电缆和光缆型号、规格及线缆的防火等级应符合设计要求
   B. 线缆的标识、标签内容应齐全、清晰，外包装应注明型号和规格
   C. 应尽量使用屏蔽线缆
   D. 线缆外包装和外护套须完整无损，当外包装损坏严重时，应测试合格后再在工程中使用
5. 下列（　　）属于有线传输介质。
   A. 双绞线　　　　B. 同轴电缆　　　　C. 光纤　　　　D. 微波
6. EIA/TIA 568B 中规定，双绞线的线序是（　　）。
   A. 白橙、橙、白绿、蓝、白蓝、绿、白棕、棕
   B. 白橙、橙、白绿、绿、白蓝、蓝、白棕、棕
   C. 白绿、绿、白橙、蓝、白蓝、橙、白棕、棕
   D. 以上都不是
7. 关于非屏蔽双绞线电缆的说法错误的是（　　）。
   A. 大量用于水平子系统的布线　　　　B. 无屏蔽外层
   C. 比屏蔽电缆成本高　　　　D. 比同类的屏蔽双绞线更能抗干扰

二、判断题

1. 综合布线系统是集成网络系统的基础，它能满足数据、语音及其视频图像等的传输要求，是智能大厦的实现基础。（　　）
2. 光纤是综合布线工程中最常用的传输介质。（　　）
3. 常用的双绞线电缆一般分为非屏蔽双绞线（STP）和屏蔽双绞线（UTP）。（　　）

项目 1 | 走进网络的世界

任务测评

任务 3　使用网络传输介质实施网络综合布线（100 分）

学号：
姓名：

序号	评分内容	评分要点说明	小项加分	得分	备注
一、准备工作（20 分）					
1	双绞线准备（5 分）	截断超过 60 cm 不长于 1 m 的一段双绞线，加 5 分			
2	水晶头准备（5 分）	领取 2 个 RJ-45 接头并完成双绞线制作，加 5 分 领取 3~4 个 RJ-45 接头并完成双绞线制作，加 4 分 领取 5~6 个 RJ-45 接头并完成双绞线制作，加 3 分			
3	压线钳、测线仪准备（5 分）	领取工具时检查可用性，加 5 分			
4	安全准备（5 分）	佩戴防静电手环，加 5 分			
二、双绞线制作（40 分）					
5	剥线（5 分）	剥落双绞线外皮，不剪断线芯，加 5 分			
6	理线（10 分）	正确按 568B/A 的线序完成线序整理，加 10 分			
7	剪线（10 分）	用剪线口剪齐双绞线，所留长度约 1.5 cm，加 10 分			
8	插线（10 分）	将 8 根双绞线芯插入水晶头 8 个线槽并插到底，双绞线线皮插进水晶头，线芯不裸露，加 10 分			
9	压线（5 分）	用网线钳将 8 个铜片紧紧压入水晶头，加 5 分			
三、测试连通性（20 分）					
10	测线仪的使用(5 分)	正确连接双绞线和测线仪，加 5 分			
11	测线仪亮灯显示情况（5 分）	测线仪两端 8 个灯均亮灯，加 5 分			
12	测线仪线序显示情况（10 分）	测线仪两端依次亮起（1~8），加 10 分			
四、双绞线制作时间（10 分）					
13	完成一对双绞线制作计时（10 分）	完成时间在 20 分钟之内，加 10 分 完成时间在 20~30 分钟，加 8 分 完成时间为 30 分钟以上，加 6 分			
五、整理现场（10 分）					
14	清扫整理现场(5 分)	将工作台擦拭干净，将散落在地上的杂线头扫干净，加 5 分			
15	制作工具回收(5 分)	将所有的制作工具归还到位，将整理现场的清扫工具归还到位，加 5 分			

办公室网络构建

项目导入

NET 公司是一家 IT 公司，其中教育事业部负责教育及认证考试，现公司因业务扩展，办公地点进行搬迁，为教育事业部分配一个新的办公室，教育事业部有 8 名员工，作为网络工程师的小王要为其进行网络布线设计及实施，预算组网所需材料用量，为办公室计算机配置 IP 地址、配置并管理交换机，实现办公网络的连接，方便办公及上网。

学习目标

1. 能根据所服务的企业规模和性质及办公室布线需求选择适合的网络传输介质。
2. 进行网络设计，为办公网络设计拓扑结构，并正确预估相关材料用量。
3. 实施网络施工，组建办公室网络。
4. 能辨识交换机命令行各种模式的区别。
5. 能够使用帮助信息，查看交换机命令，了解交换机配置信息。
6. 熟练掌握交换机的配置，实现网络互通。
7. 养成科学严谨的工作态度，培养安全意识和规范意识。

项目实施

 依据办公需求设计办公室网络

任务描述

小王是 NET 公司的网络工程师，现需要为有 8 名员工的教育事业部办公室进行布线，以方便办公和上网。

任务解析

通过完成本任务，使学生掌握办公室布线的流程，能正确选择传输介质，准确计算材料用量并动手实施布线工程项目。

知识链接

一、办公网络的设计目标

在办公网络的设计中，首先要进行布线设计，布线可以说是真正的一次性投资，用户在实际使用中很难以追加投资的方式来提高它的性能。布线系统的性能在很大程度上决定了网络的使用性能和效率，所以布线系统的规划应以目前所能达到的尽可能高的性能为标准。

视频
网络设计

①符合最新国际标准 ISO/IEC 11801 和 ANSI EIA/TIA 568A 标准，充分保证计算机网络高速、可靠的信息传输要求。

②能在现在和将来适应技术的发展，实现数据通信、语音通信和图像传递。

③除去固定于建筑物内的线缆外，其他所有的接插件都应是模块化的标准件，以便将来有更大的发展时很容易地将设备扩展进去。

④能满足灵活应用的要求，即任一节点能够连接不同类型的计算机或网络设备。

⑤能够支持最低 100 MHz 的数据传输，可支持以太网、快速以太网、千兆以太网、令牌环网、ATM、FDDI、ISDN 等网络及应用。

二、办公网络的设计原则

办公网络设计的原则要满足以下几点：

1. 综合性

办公室布线需要满足各种不同模拟或数字信号的传输需求，将所有的语音、数据、图像、监控设备的布线组合在一套标准的布线系统上，设备与信息出口之间需一根标准的连接线，通过标准的接口把它们接通。

2. 可靠性

办公室布线系统使用的产品必须要通过国际组织认证，布线系统的设计、安装、测试以 ANSI EIA/TIA 568A 及 GB/T 50311—2016 为布线标准，遵循国内的布线规范和测试规范。

3. 开放性

能支持任何厂家的任意网络设备，支持任意网络拓扑结构（总线、星状、环状等）。

4. 灵活性

每个办公地点到底使用多少个信息点，办公室布线不仅要满足用户当前需求，也要符合用户对未来信息系统的期望；而且用于传输数据、语音的双绞线布线应具有可换性，构成一套完整的布线系统。

5. 兼容性

设计能满足楼内各种通信设备的功能要求，即在不同楼层里搭建特定的通信子网，在大楼任意的信息点上能够连接不同类型的设备，如计算机、电话机、传真机、打印机、终端机等。提供统一的线路接口，适应不同类型的设备。

6. 合理性

办公室强弱电的布线走向要合理搭配，互不干扰，而且要外形美观，用户同时使用计算机的电源、电话、网线要方便操作、便于以后的运行维护。

7. 有线和无线的互补性

根据大楼的具体建筑环境和办公要求，长期还是临时使用网络等情况，决定采用有线布线还是无线布线。一般来说，将有线和无线结合起来，发挥各自的特长，来达到上网办公的目的。

8. 经济性

从实用性和经济性出发，着眼于近期目标和长期的发展，选用先进的设备，进行最佳性能组合，利用有限的投资构造一个性能最佳的网络系统。

9. 扩展性和升级能力

网络设计应具有良好的扩展性和升级能力，选用具有良好升级能力和扩展性的设备。在以后对该网络进行升级和扩展时，必须能保护现有投资。应支持多种网络协议、多种高层协议和多媒体应用。

三、综合布线六大子系统

综合布线系统都采用模块化的结构，按照每个模块的不同作用，国际布线标准协会的EIA/TIA-568B综合布线标准规定了综合布线系统由六大子系统构成，如图4-1所示。

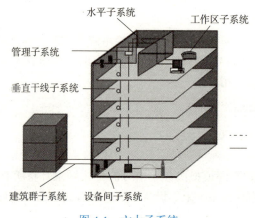

图4-1 六大子系统

1. 工作区子系统

它由工作区内终端设备连接到信息插座之间的设备组成，包括信息插座、连接跳线、适配器、计算机、电话等。

工作区的六类信息出口遵循EIA/TIA-568A/B的连线标准。每一出口都可以连接计算机、打印机、传真机、数字摄像机等办公设备。

在工作区子系统中，可以在大厅或会议室安装无线AP点，在电教室、领导办公室等房间安装地插，其余信息点均采用墙面式安装。

信息插座配有明显的、可方便更换的永久性标识，以区分电信插座的实际用途。如电话、计算机图标，既可防止计算机插头误插入电话插座后因电话振铃信号烧毁计算机的恶性事件的发生，而且也不影响系统的方便互换。

2. 水平子系统

水平子系统由配线间到工作区子系统之间的线缆组成。根据网络传输速度的要求，选用带十字骨架的4对六类非屏蔽双绞线。该线缆信道带宽应高于250 MHz，支持10BASE-T、16 Mbit/s、100BASE-T、1000BASE-T、ATM155 Mbit/s、ATM622 Mbit/s，以及更高传输速率的数据网络的应用。

3. 垂直干线子系统

垂直干线子系统主要用于实现主机房与各管理子系统间的连接。数据主干要求支持千兆以太网，楼内采用6芯室内多模光缆。语音主干使用三类大对数电缆。

4. 管理子系统

管理子系统数据点端接采用 24 口 RJ-45 配线架，可以方便地通过跳线对数据进行管理。每个管理间根据信息点数的不同配置数量不等的 24 口模块化 RJ-45 配线架，配线架上使用与工作区相同的 RJ-45 模块，以减少备品备件的数量，降低维护成本，并使用 1U 高的理线器进行跳线管理。语音点使用 110 配线架，如果语音点和数据点互换，可以通过 110 转 RJ-45 跳线进行跳接，而不用更改线缆的端接。在每层都设置一个管理间，用于本楼层信息点的管理。

视频

设备选购

5. 设备间子系统

设备间子系统是大楼与外部通信的枢纽，主要布线产品为配线架及其附属设备。工程设计中，设备间位置一般在一楼或地下室，并且尽量减少垂直系统的路由长度。

6. 建筑群子系统

建筑群子系统将一栋建筑的线缆延伸到建筑群内的其他建筑的通信设备和设施。它包括铜线、光纤以及防止其他建筑的电缆的浪涌电压进入本建筑的保护设备。

四、办公网络设备选型的基本原则

1. 产品系列与厂商的选择

网络设备最好选择同一厂商的成熟的主流产品，方便后期的安装、调试和维护。

2. 网络的可拓展性

网络的主干设备一定要留有余量，提高系统的可拓展性，适合业务发展。

3. 网络技术的先进性

网络技术和设备更新速度快，符合摩尔定律（每 18~24 个月，集成电路上可容纳的元器件数目增加一倍，数目也增加一倍），因此设备选型需要一定的远瞻性。

五、服务器选型的依据

网络服务器的选型是网络系统建设的重要内容之一，从应用的角度区分，网络服务器可分为文件服务器、数据库服务器和 Internet/Intranet（专用）通用服务器与应用服务器。

1. 文件服务器

基于文件服务的网络服务器，这类基于文件服务的网络文件服务器，具有分时系统文件管理系统的全部功能。

2. 数据库服务器

文件服务器在面临大量应用和数据的时候，会暴露出传输数据量大、应用效率低的弱点，所以采用客户机/服务器工作模式的大型数据库服务器得到广泛的应用，其原理是客户机使用 SQL 语句向服务器提出数据库查询、处理要求，数据库服务器在后台根据请求进行处理，最终将处理结果返回给客户机。

3. Internet/Intranet（专用）通用服务器

Internet/Intranet（专用）通用服务器包括：DNS 服务器、E-mail 服务器、FTP 服务器、WWW 服务器和代理服务器等，分别提供不同的服务器服务。

4. 应用服务器

应用服务器是一种提供专门服务的网络服务器，如游戏服务、IP 电话服务器等，采用浏览器/服务器（B/S）的模式，将网络应用建立在 Web 服务之上。

六、综合布线材料及传输介质

1. 线槽

塑料线槽的品种规格很多,从型号上可分为 PVC-20、25、25F、30、40、40Q 系列。从规格上可分为 20 mm × 12 mm,25 mm × 12.5 mm,25 mm × 25 mm,30 mm × 15 mm,40 mm × 20 mm 等。在填充双绞线的时候应注意不能超过 70%。与 PVC 槽配套的附件有阳角、阴角、直转角、平三通、左三通、右三通、连接头、终端头、接线盒(暗盒、明盒)等,金属线槽和塑料线槽的配套附件外形如图 4-2 所示。

P5 金属线槽:是敷设导线和通信线缆,用于普通的装饰行业。规格有 50 mm × 100 mm,100 mm × 100 mm,100 mm × 200 mm,100 mm × 300 mm,200 mm × 400 mm 等。

图 4-2 金属线槽和塑料线槽

2. 桥架(走线架)

一般来说,可以将走线架和桥架理解为同一种布线设备的两种不同叫法(见图 4-3)。它与线槽的功能有些类似,主要用于布线系统中各类线缆的敷设,它强度较高,承重较好,是线槽无法比拟的。所以当需要敷设的线缆较多时,便会使用桥架。

桥架可吊顶安装,也可地面支撑安装,分为室内和室外两种。

走线架可直接承载电缆,而线槽多用于承载电缆,当需要铺设的网线较多时,可用走线架承载多个线槽,架设于吊顶之上。

图 4-3 桥架(走线架)

3. 电缆桥架与金属线槽区别

①电缆桥架的一般宽度大于 200 mm,金属线槽宽度小于 200 mm。
②电缆桥架主要用于敷设电缆,金属线槽主要用于敷设导线。
③电缆桥架形式有多种,如梯式、槽式、组合式等,而金属线槽就一种,一般用热轧钢板做成。
④电缆桥架拐弯半径比较大,金属线槽大部分拐直角弯。

⑤电缆桥架是开放式的，金属线槽多数是封闭的。
⑥电缆桥架可以露天使用，而金属线槽不能。

4. 配线架

对于各楼层的配线间而言，配线架可以理解为汇聚来自于信息点的线缆，并将这些线缆最终连接到网络设备的一种工具。

终端设备通过双绞线跳线连接到工位的信息插座上，而端接在信息模块上的线缆的另一端就连接在配线架上。它可以汇聚来自各终端的线缆，方便对整个楼层线缆的维护与管理。

5. 双绞线

双绞线是由两根相互绝缘的铜导线按照一定的规格互相缠绕在一起而成的网络传输介质，主要用来传输模拟信号，也适用数字信号的传输。

常用的双绞线有三类：五类线、超五类线和六类线。

双绞线的制作方法，国际有两种标准，T568A 和 T568B，线序分别为：

- 标准 568B：橙白、橙、绿白、蓝、蓝白、绿、棕白、棕。
- 标准 568A：绿白、绿、橙白、蓝、蓝白、橙、棕白、棕。

线的一端为 T568A，另一端为 T568B 的线序标准为交叉线序，两端同时为 T568B 的线序标准为直通线。

6. 光纤

光纤是光导纤维的简称，是一种由玻璃或塑料制成的纤维，可作为光传导工具。传输的原理是利用光的全反射。

光纤分为单模光纤和多模光纤。多模光纤一般被用于同一办公楼或距离相对较近的区域内的网络连接，而单模光纤通常被用来连接办公楼之间或地理分散更广的网络。

光缆是一定数量的光纤按照一定方式组成缆心，外包有护套，有的还包覆外护层，用以实现光信号传输的一种通信线路。光缆作为网络传输介质，还需要增加光端收发器等设备。

7. 信息插座

信息插座一般安装在墙面上，也有的安装在桌面上或地面，主要是为了方便计算机等设备的移动，并保持整个布线的美观。

8. 机柜

机柜一般是冷轧钢板或合金制作的用来存放计算机和相关控制设备的物件，可以保护存放的设备，屏蔽电磁干扰，有序、整齐地排列设备，方便设备的维护。机柜大部分都会放置在设备间，分为服务器机柜、网络机柜和控制台机柜等。

9. 理线器、扎带

理线器是机柜与配线架配合使用的配件，能够让电缆更加顺畅平行地进入机柜配线架。让机柜整体走线更加美观及规范。

扎带又称扎线带、束线带、锁带，是用来捆扎东西的带子（见图4-4）。按材质分为尼龙扎带、不锈钢扎带和喷塑不锈钢扎带。扎带是越扎越紧，且绝缘性好，常用于机电产品的电缆、计算机线等的线束。

视频

网络实施

10. 其他

在布线的时候还会用到标签和光电转换设备等，标签是把各种设备、线缆等都做好标识，方便后期的网络维护和管理。

图 4-4 扎带

任务实施

一、网络设计

1. 办公室布线的需求

办公室布线的信息插座作为布线系统的水平子系统的一部分，不管企业的办公应用如何变化，办公室综合布线需要满足以下要求：

①电话：利用电话交换机，将企业与外界有效地联系起来。

②计算机网络：综合布线采用星状结构，能支持现在及今后的网络应用。

③图像传输方面：要满足模拟图像、数字图像、会议电视等需求。

2. 信息插座的安装位置

办公楼环境有大开间，也有四壁的小房间。小房间不需要分隔板，信息插座只需安装于墙上。对于大开间而言，选用以下两种形式的安装方法：

①信息插座安装于地面上，但灵活性不是很好，建议根据房间的功能用途做好预埋，但不适宜大量使用，以免影响美观。

②信息插座安装于墙上，可沿大开间四周的墙面每隔一定距离均匀地安装 RJ-45，埋入插座。其旁边电源插座应保持 20 cm 的距离，信息插座和电源插座的低边沿线距地板水平面 30 cm。

3. 办公室布线走线方式

①采用走吊顶的轻形槽形线缆桥架方式。这种方式适用于大型建筑物。

②采用地面线槽走线方式。这种方式适用于大开间的办公间、有密集的地面型信息出口的情况，建议先在地面垫层中预埋金属线槽或线槽地板。主干槽从弱电竖井引出，沿走廊引向设有信息点的各房间，再用支架槽引向房间内的信息点出线口，强电线路可以与弱电线路平等配置，但需分隔于不同的线槽中，这样可以向每一个用户提供一个包括数据、语音、不间断电源、照明电源出口的集成面板，真正做到在一个整洁的环境中实现办公自动化。

4. 办公室其他的布线细节

①在每个办公室布置的信息点（信息插座）应当和办公室的电源插座在同一个水平方向上，而且间距 30 cm 左右。这样布线主要是便于用户的电源和双绞线网线的同时连接，也便于以后维修维护。

②目前布置每个信息插座最好能采用 4 口的布线面板、2 个网络接口布线（一个外网、一个内网）、2 个语音点（一个内线、一个外线），并且网络数据与语音布线能够互换使用。

③根据企业的实际需求情况,设计每个办公室的信息点和语音点,在每个信息点的附近应当配置电源插座。有时候在办公室合适的位置还需要布置视频点、灭火系统探头以及监控点等布线细节。

④办公室无线网络"布线"。采用建立无线网络为移动办公人员提供网络接入,利用无线网络"布线"可以使用户拥有一个可以随时移动的办公区域。

5. 布线设计

本任务中办公室内共有八个工位,分别通过隔断隔开,每个工位上有一台计算机。现在需要将这八台计算机通过双绞线连接到配线间。在进行布线设计时,应该注意以下两点:

- 根据办公室平面图设计出具体的走线图(见图4-5)。
- 核算各种施工材料的使用量及工程预算。

施工前必须做好规划和预算,审批通过了才能开展后续工作。另外,在整体的设计中要尽量的美观,节约成本。

设计走线图,在布线设计图中需要明确各部分线路的含义:

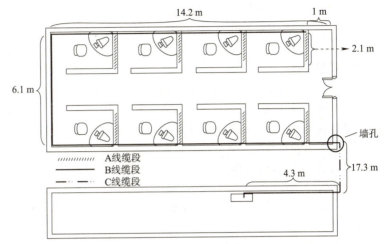

图 4-5　办公室网络布线设计图

- A 段线缆的一端连接到隔断上的信息模块,另一端从隔断内部延伸到墙体。
- B 段线缆被安置在事先固定在墙上的塑料线槽内,并且沿着办公室的墙壁将所有线缆汇聚到图中右下角的位置。
- B 段线缆继续沿着塑料线槽从墙壁的底角垂直延伸到顶角,最终从墙孔穿出到外侧走廊。
- C 段线缆在走廊中与来自其他办公室的线缆一起从吊顶上的走线架延伸到中心机房,线缆进入配线间后连接到相应机柜的配线架上。

二、材料的计算及实施

下面进行估算施工材料的用量,比如信息模块、水晶头、线槽及双绞线的使用量。

①信息模块的计算方法比较简单,即一个工位一个信息模块,出于冗余方面考虑,一般有3%的预留,本例总共有8个工位,所以需要8个信息模块,出于冗余方面考虑,可以购买9个或10个信息模块。

如一个工程有48个信息点,则信息模块的数量应该为$48+48×3\%≈50$(个)。

②水晶头的计算。一个信息点到达交换机总共需要4个水晶头(主机到信息模块的跳线2个,配线架到交换机的跳线2个,信息模块到配线架不需要水晶头),出于冗余方面考虑,一般预留10%~15%的量。本例中有8个信息点,需要水晶头数量为$4×8×(1+15\%)≈40$(个)。

如一个工程有48个信息点,则水晶头数量为$48×4×(1+15\%)≈221$(个)。

③线槽。线槽的需求比较简单,通过办公室的长、宽、高计算总长度就可以了。办公室内总共需要约37 m的线槽,包括环绕在办公室墙壁上的3段线槽,以及将线缆从底侧墙角引到顶角的1段线槽,可适当多买一些作为备份。另外,办公室内需要的线缆较少,在走廊吊顶上的走线架中,如果有剩余空间可以布设线缆,则不需考虑走廊线槽的使用量,否则也需要将这一部分计算进去。

在估算了需要长度后还需要选择线槽的型号,根据线缆的多少进行选择,需要预留一定的空间,另外，在施工布线时需要布放 1~2 根备用线缆。

对于槽与槽之间连接的地方还需要 2 个直转角、2 个阴角。

④线缆的使用量：

$$办公室线缆使用量 C = [0.55 \times (L+S) + 6] \times n$$

式中：L——本楼层离管理间最远的信息点距离；

S——本楼层离管理间最近的信息点距离；

n——本楼层的信息点总数；

0.55——备用系数。

> **小贴士：**
>
> 对于本任务而言，总共只需要 9 根线，可以计算得更加精确一些，但要是负责整个楼层甚至整个楼宇的布线，而老板或工程的甲方要立刻知道一个大致的预算（点），根据图 4-5 中参数，估算的办公室线缆使用量约为 410 m，如得出不同的答案，主要是对线缆富余量的考虑不同。当信息点数量较多、信息点位置较分散时，误差也会增大，具体购买多少往往是根据计算数量结合布线工程师的经验判断。

⑤办公室布线实施。本步骤为办公环境网络工程的最后一部分——"实施"。有线网络的实施，总共分为 6 部分。

a. 墙壁打孔，要求尽量美观。

b. 线槽安装，其有一些注意事项：

- 线槽水平度每米偏差不应超过 2 mm，垂直线槽应与地面保持垂直，垂直度偏差不应超过 3 mm。
- 两线槽拼接处偏差不应超过 2 mm。
- 线槽距地面应保持 30 cm。
- 每个固定点应用 2~3 个螺钉固定，并确保固定点水平均匀排开。
- 线槽盖板应紧固。

c. 布设线路，注意事项如下：

- 线槽内的线缆占据的空间不应超过盒体横截面积的 70%。
- 端接配线架和信息模块的两侧线缆都应预留一定长度，以备将来线缆出现故障而需重新端接线缆。
- 配线架的标签应详细记录对端信息点所在位置，且书写内容清晰。
- 确保线槽内的双绞线每隔一定距离用扎带捆扎一次。
- 应考虑在办公室两侧分别预留 1 根较长的双绞线。

d. 线缆的端接，需要注意制作线缆的质量，并且在线缆上标明标签。

e. 设备上架，注意事项：

- 确认机柜已固定好，且机柜内部和周围没有影响交换机安装的障碍物。
- 用螺丝刀将安装弯角固定在交换机的两侧。
- 固定设备多由两人完成，其中 1 人将交换机托起并使其保持在合适的位置上，另外 1 人迅速用螺钉将交换机的弯角固定在机柜的支架上，保证交换机的位置水平且牢固。

f. 在测试连通性时，可以通过 ping 命令进行测试。而测试范围是：办公室内部主机之间的通信，以及办公室主机与公司其他节点（例如公司内网服务器或网关）的通信。

需要明确延时的判断：通过 ping 10000 字节的大数据包，并观察延迟时间来判断线缆的通信质量。如果延迟时间很大（如延迟时间在几百毫秒甚至上千毫秒）或出现丢包，就说明此线路连接有问题，需要重新连接线缆。

能力拓展

某汽车 4S 店需要访问互联网，对此 4S 店进行布线。信息点需求如表 4-1 所示。

表 4-1 信息点需求

场　　景	信息点数量
车间入口	1
展区	4
维修接待室	4
接待咨询室	2
结算	1
客户休息室	2
销售办公室	3
车间办公室	3
仓库	4
办公区	双口信息模块

4S 店的平面图如图 4-6 所示。

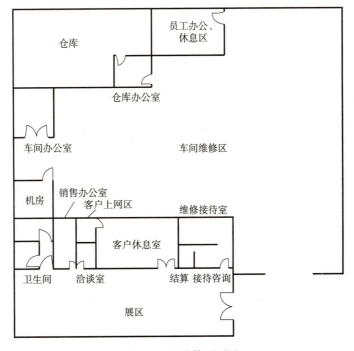

图 4-6　4S 店的平面图

认证习题

选择题

1.（单选）结构化布线系统中，所有水平布线 UTP（非屏蔽双绞线）都是从工作区到各楼层配线间的。在工作区由 (1) 端接，在配线间由 (2) 端接。当布线结构需要调整时，可以通过布线配线系统来重新配置。具体调整手段通过 (3) 实现。结构化布线工程中常采用 4 对 UTP，它使用 (4) 等四种颜色标识，其对应的 I/O 信息模块有两种标准——568A 和 568B，它们之间的差别只是 (5) 。

(1) A. RJ-45 接头　　B. I/O 信息插座模块　　C. 快接式跳线　　D. 网卡

(2) A. 配线架　　B. 接插件　　C. 干线子系统　　D. 集线器或交换机

(3) A. 专用工具　　B. 连接块　　C. 跳线　　D. 控制器

(4) A. 橙、蓝、紫、绿　　　　　　B. 紫、黑、蓝、绿
　　C. 黑、蓝、棕、橙　　　　　　D. 橙、绿、蓝、棕

(5) A. "1、2" 对线与 "3、6" 对线位置交换
　　B. "4、5" 对线与 "7、8" 对线位置交换
　　C. "1、2" 对线与 "4、5" 对线位置交换
　　D. "3、6" 对线与 "7、8" 对线位置交换

2.（单选）在综合布线中，一个独立的需要设置终端设备的区域称为一个（　　）。
　　A. 管理间　　B. 设备间　　C. 总线间　　D. 工作区

3.（单选）通信机房属于重点防火场所，严禁存放在施工中使用的易燃易爆物品，如（　　）。
　　A. 纸张、木材、汽油、清洗剂　　B. 木材、汽油、洗涤剂、灭火器
　　C. 纸张、黄沙、汽油、木材　　　D. 纸张、黄沙、汽油、清洗剂

4.（单选）综合布线系统中用于连接楼层配线间和设备间的子系统是（　　）。
　　A. 工作区子系统　　　　　　B. 水平子系统
　　C. 干线子系统　　　　　　　D. 管理子系统

5.（单选）综合布线系统中用于连接信息插座与楼层配线间的子系统是（　　）。
　　A. 工作区子系统　　　　　　B. 水平子系统
　　C. 干线子系统　　　　　　　D. 管理子系统

6.（单选）综合布线系统中干线以及建筑群电缆用（　　）色标。
　　A. 绿色　　B. 白色或银色　　C. 蓝色　　D. 紫色

7.（多选）光缆是数据传输中最有效的一种传输介质，它的优点是（　　）。
　　A. 频带较宽　　　　　　　　B. 电磁绝缘性能好
　　C. 衰减较小　　　　　　　　D. 布线灵活

8.（多选）垂直干线子系统设计时要考虑到（　　）。
　　A. 整座楼的垂直干线要求　　B. 从楼层到设备间的垂直干线电缆路由
　　C. 工作区位置　　　　　　　D. 建筑群子系统的介质

9.（多选）水平干线子系统的设计涉及水平子系统的传输介质和部件集成，所以要考虑（　　）。
　　A. 确定线路走向　　　　　　B. 确定线缆、槽、管的数量和类型
　　C. 确定信息插座数量　　　　D. 确定电缆的类型和长度

任务测评

任务4 依据办公需求设计办公室网络（100分）			学号：		
			姓名：		
序号	评分内容	评分要点说明	小项加分	得分	备注
一、光纤测试（10分）					
1	光纤链路测试结果（2分）	测试结果连通性良好，加2分			
2	光纤跳线连接（4分）	接头连接正确，加4分			
3	光纤跳线安装位置正确（2分）	光纤链路安装位置符合要求，加2分			
4	光纤链路盘纤（2分）	光纤盘纤合理，加2分			
二、干线子系统的安装与布线（10分）					
（一）机柜安装（6分）					
5	机柜安装牢固（4分）	机柜不松动，加2分；机柜固定至少使用4个螺钉，一个螺钉加0.5分			
6	机柜安装正确（1分）	机柜水平安装在指定位置，加1分			
7	机柜表面整洁、美观（1分）	机柜表面在安装过程中无划伤、划痕，无明显变形，加1分			
（二）配线架安装（4分）					
8	配线架安装牢固（2分）	配线架安装牢固，加2分			
9	配线架安装顺序正确（2分）	配线架按要求顺序安装，加2分			
三、配线子系统的安装与布线（42分）					
（一）信息插座安装（8分）					
10	信息插座安装正确（8分）	信息底盒选用正确，安装位置正确，安装牢固，每个加1分			
（二）线槽、线管安装（10分）					
11	线槽、线管安装正确（5分）	线管或线槽不存在缝隙、按要求制作弯头，加4分			
12	线槽、线管安装美观（5分）	线管安装要求整体贴墙，横平竖直，符合，加4分			
（三）双绞线、同轴电缆链路（24分）					
13	双绞线链路安装正确（16分）	数据和语音模块制作正确，每处加1分，数据和语音链路安装位置正确，每处加1分			
14	双绞线链路预留长度合理（8分）	双绞线链路两端预留1~1.5 m，每条加1分，预留线盘在机柜内			
四、管理系统（8分）					
15	双绞线链路标签正确（8分）	标签成对，符合要求，每对加1分			

续表

任务4 依据办公需求设计办公室网络（100分）				学号：	
				姓名：	
序号	评分内容	评分要点说明	小项加分	得分	备注
五、施工规范（30分）					
16	施工中使用安全护具，文明规范施工（5分）	符合加5分			
17	施工分工合理、并行施工（5分）	符合加5分			
18	正确使用施工工具、合理用料（5分）	符合加5分			
19	施工完成后清洁现场（5分）	符合加5分			
20	施工工具还原摆放到工具箱（10分）	各种工具及相关材料归位，符合加10分			

任务5　配置网络设备实现可靠传输

任务描述

由于NET公司交换机出现故障，公司又购买了一台新的交换机，网络管理员小王该如何完成交换机的基本配置？

任务解析

通过完成本任务，掌握交换机的工作原理、交换机的Console口登录，在此基础上完成交换机基本配置任务。

知识链接

一、以太网帧格式

以太网（Ethernet）是一种计算机局域网技术。IEEE 802.3标准制定了以太网的技术标准，它规定了物理层的连线、电子信号和介质访问层协议的内容。以太网是现在事实上的局域网通用标准，取代了其他局域网标准（如令牌环、FDDI和ARCNET等）。

1. MAC地址

在数据链路层，数据帧通常依赖于MAC（Medium Access Control）地址来进行数据传输，它如同网络中IP地址一样要求具有全球唯一性，这样才可以识别每一台主机。MAC地址，也称为物理地址或硬件地址，它通常被固化在每个以太网网卡（Network Interface Card，NIC）上。MAC地址长48位，即6字节，采用十六进制格式书写表示，如00-0C-29-EB-3C-56，其中前24位是组织唯一标识符（Organizationally Unique Identifier，OUI），由IEEE统一分配给设备制造商，后24位序列号是由各设备制造商自行分配给每个设备的唯一数值。48位的MAC地址及其组成部分如图 5-1 所示。

MAC 地址分为三种，即单播 MAC 地址，组播 MAC 地址和广播 MAC 地址，如图 5-2 所示。当 MAC 地址的第 8 位为 0 时，表示该地址为单播 MAC 地址。单播地址表示了一块特定的网卡。当 MAC 地址的第 8 位为 1 时，表示该地址为组播 MAC 地址，组播地址是一个逻辑地址，用来表示一组接收者，而不是一个接收者。当 MAC 地址的每个位都是 1 为广播 MAC 地址，它是组播 MAC 地址的一个特例，标识了所有的网卡。

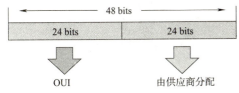

图 5-1　MAC 地址　　　　　　　　　　图 5-2　三种类型的 MAC 地址

获取主机网卡 MAC 地址的方法有多种，以 Windows 7 系统为例，单击任务栏上的"开始"按钮，选择"运行"，输入"cmd"，单击"确定"按钮，进入命令提示符界面，输入"ipconfig /all"命令，如图 5-3 所示，或者输入"getmac"命令，如图 5-4 所示，都可查看到 MAC 地址。

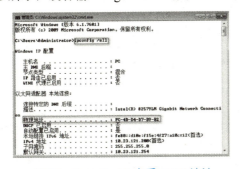 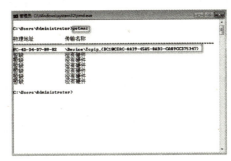

图 5-3　ipconfig /all 查看 MAC 地址　　　　　图 5-4　getmac 查看 MAC 地址

还可以通过查看本地连接获取 MAC 地址。依次单击"本地连接"→"状态"→"详细信息"，也可查看到 MAC 地址，如图 5-5 所示。

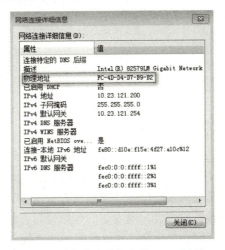

图 5-5　"本地连接"查看 MAC 地址

2. 以太网帧格式

目前，网络中有多种格式的以太网帧在使用，这里介绍最为常用的 Ethernet Ⅱ 的帧格式，如图 5-6 所示。数据帧中每个字段的含义如表 5-1 所示。

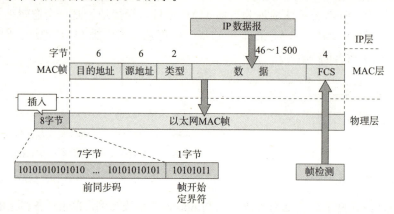

图 5-6 以太网帧格式

表 5-1 数据帧中各字段的含义

字　段	含　义
前同步码（Preamble）	前同步码共七个相同的字节，每个字节的值为 0xAA。用于使收发双方保持时钟同步
帧开始定界符	帧的开始符，为一个字节，其值为 0xAB。前六位 1 和 0 交替，最后的两个连续的 1 表示告诉接收端适配器：数据帧要来了，准备接收
目的地址（DA）	包含六个字节。DA 标识了帧的目的站点的 MAC 地址。DA 可以是单播地址（单个目的地）、组播地址（组目的地）或广播地址
源地址（SA）	包含六个字节。SA 标识了发送帧的站点的 MAC 地址。SA 一定是单播地址（即第 8 位是 0）
类型（Type）	包含两个字节，用来标识上层协议的类型。由于上层协议众多，所以在处理数据的时候必须设置该字段，用于标识数据交付给哪个协议处理。例如 0800H 表示将数据交付给 IP 协议
数据	包含 46～1 500 字节。该字段封装了通过以太网传输的高层协议信息。出于 CSMA/CD 算法的限制，以太网帧不能小于某个最小长度。高层协议要确保这个域至少包含 46 字节。如果实际数据不足 46 字节，则高层协议必须执行某些（未指定）填充算法。数据域长度的上限是任意的，但已经被设置为 1 500 字节
帧校验序列（FSC）	包含四个字节。检测该帧是否出现差错。发送方计算帧的循环冗余校验（CRC）值，把这个值写到帧里。接收方重新计算 CRC，与 FCS 字段的值进行比较。如果两个值不相同，则表示传输过程中发生了数据丢失或改变，需要重新传输这一帧

二、交换机的工作原理

交换机工作在 OSI 参考模型的数据链路层，是组建局域网的核心设备，其作用是将传输介质汇聚在一起，识别数据帧中的 MAC 地址信息并进行帧转发操作，以实现计算机的通信。

在交换机的工作过程中，它并不会把收到的每个数据信息都以广播的方式发给客户端，这是由于交换机可以根据 MAC 地址智能地转发数据帧。交换机存储的 MAC 地址表将 MAC 地址和交换机的接口编号对应在一起，每当交换机收到客户端发送的数据帧时，就会根据 MAC 地址表的信息判断该如何转发。下面以一个简单的实例介绍交换机转发数据包的过程。

在交换机刚通电启动（冷启动）时，初始状态交换机并不知道哪个主机连接它的哪个接口，因为此时 MAC 地址表为空，如图 5-7 所示。

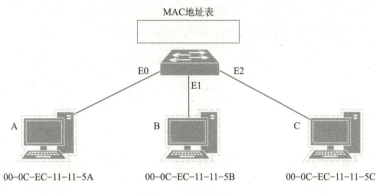

图 5-7　初始状态

假设主机 A 要发送数据给主机 C，主机 A 发送数据帧到交换机的 E0 接口，交换机首先会读取数据帧中的源 MAC 地址，同时查询 MAC 地址表中是否有该地址条目。因为初始状态 MAC 地址表为空，交换机就会将这个帧的源 MAC 地址和收到该数据帧的 E0 接口对应起来，记录到 MAC 地址表中，这个过程就是交换机的地址学习过程，如图 5-8 所示。

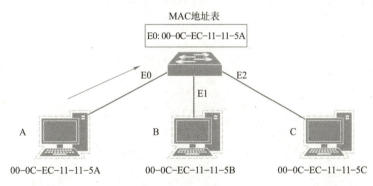

图 5-8　MAC 地址学习

在 MAC 地址表中同时也没有找到数据帧目的地址所对应的条目，交换机无法确定该从哪个接口将数据帧转发出去，此时交换机会向除了 E0 接口之外的所有接口广播这个数据帧，如图 5-9 所示。

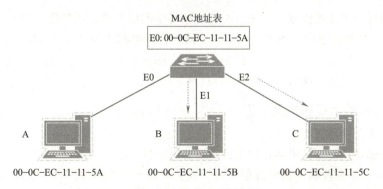

图 5-9　交换机广播数据帧

网络中其他主机都会收到这个数据帧，只有主机 C 会响应这个广播，并回应一个数据帧，交换机也会将此帧的源 MAC 地址和 E2 接口对应起来，记录到交换机的 MAC 地址表中，如图 5-10 所示。

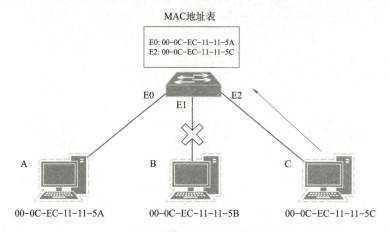

图 5-10　目的端回应数据帧

现在，主机 A 发往主机 C 数据帧的目标地址已经在 MAC 地址表中，这时不用再借助广播了，交换机将只向 E2 接口转发数据帧。随着网络中的主机不断通信，交换机会不断地学习下去，直到交换机学习到整个网络的 MAC 地址表，如图 5-11 所示。

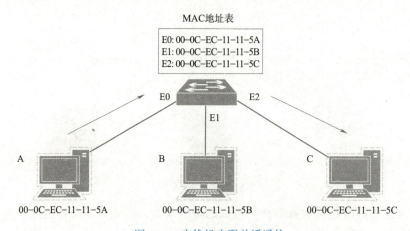

图 5-11　交换机实现单播通信

在交换机工作过程中需要注意：首先，交换机始终学习的都是接收的数据帧源 MAC 地址。如果目标地址没有在 MAC 地址表中，交换机就向除了接收该数据帧的端口外的其他端口广播该数据帧。其次，交换机学习到的条目不会永久保存在 MAC 地址表中，MAC 地址表默认的老化时间是 300 s，但是如果在此期间，交换机有收到对应条目 MAC 地址的数据帧，老化时间将重新开始计时。

三、交换机接口的双工模式及速率

1. 单工、半双工与全双工

①单工数据传输是在交换机里接收信息但不能发送信息，或者只发送不接收信息。

如图 5-12 所示，单工数据传输的过程类似于麦克风和扬声器播送消息的过程，一般为固定的发送方和固定的接收方。

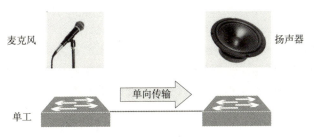

图 5-12　单工传输

②半双工数据传输是接口任意时刻只能接收数据或发送数据，并存在最大速率的限制。

如图 5-13 所示，半双工数据传输的过程类似于无线对讲机的通信过程，手持对讲机的两个人都可以讲话，但一方在说话时（信号发送时），另一方不能说话。

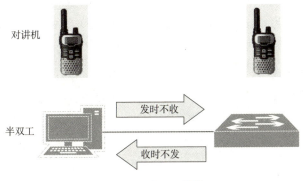

图 5-13　半双工传输

半双工传输模式通信效率低，且有可能产生冲突。由于目前的绝大多数网络都为交换网络，因此这种传输模式很少见。

③全双工数据传输是指交换机在发送数据的同时也能够接收数据，两者同步进行。

如图 5-14 所示，全双工数据传输的过程类似于我们平时打电话，说话的同时也能够听到对方的声音。目前的交换机都支持全双工。全双工的好处在于迟延小、速度快。

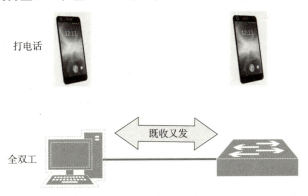

图 5-14　全双工传输

另外，自动协商模式是端口根据另一端设备的连接速度和双工模式，自动把它的速度调节到最高的工作水平，即线路两端能具有的最快速度和双工模式。但如果一端为半双工、一端为全双工，这种情况就会导致双工不匹配，可能出现丢包的现象。

小贴士：

并非所有的设备之间都能够很好地协商以达到全双工的状态。当连接不同厂商的设备时，由于双方的协商参数存在差异，可能会导致双工不匹配，甚至同厂商不同型号的设备之间也可能出现双工不匹配。一旦遇到这种情况，就必须手动指定双工模式。

2. 端口速率

与交换机接口双工模式一样，当数据通信两端端口的速率标准不同时，通信双方需要进一步进行速率协商。例如，一端交换机接口速率为 10/100 Mbit/s 自适应，另一端交换机端口速率为 10/100/1 000 Mbit/s 自适应，协商后的速率为 100 Mbit/s，是通信双方中速率较低一端。如果速率协商出现不匹配的现象，则以太网链路建立失败，也就会导致无法通信。

一般对于大多数设备接口，都可以通过这种协商机制实现通信双方双工及速率匹配。但当连接不同厂商的设备时（如一端为 Cisco 设备，另一端为华为设备），由于双方的协商参数不同而导致双工或速率不匹配，遇到这种情况就需要手动指定双工或速率的模式。

四、交换机的管理方式

交换机的管理方式基本分为两种：带内管理和带外管理。通过 Telnet、Web、SNMP 等方式管理交换机属于带内管理，这种方式需要连接网络并且占用网络带宽；通过交换机的 Console 端口管理交换机属于带外管理，这种方式使用 Console 线缆，能够近距离配置交换机，并且不占系统的网络带宽。网络管理员在第一次配置交换机时，必须使用 Console 线缆连接交换机与计算机的方式配置交换机。

五、交换机的命令行模式

在交换机的操作系统中，可以通过专用命令的方式与交换机进行交互，从而查看或配置交换机功能，这种配置交换机的方式称为命令行方式。为了方便命令的管理，定义不同命令行模式，在相应模式下只能执行该模式下的命令。以 Cisco 设备为例，其命令行模式主要有：用户模式、特权模式、全局配置模式和接口模式。

1. 用户模式

用户模式是进入交换机后的第一种操作模式，在该模式下用户受到极大的限制，仅允许简单的查看交换机的软、硬件版本信息，并进行简单的测试。用户模式用">"结尾的提示符标识。

```
Switch>
```

2. 特权模式

特权模式是由用户模式进入的下一级模式，在该模式下用户可对交换机的配置文件进行管理，查看交换机的配置信息，并进行网络测试和调试等。特权模式用"#"结尾的提示符标识。

```
Switch>enable
Switch#
```

在用户模式输入"enable"（可简写为 en）命令，可以从用户模式进入特权模式。在特权模式下输入"disable"命令，可以从特权模式退回到用户模式。

3. 全局配置模式

全局配置模式是特权模式的下一级模式，在该模式下可以配置交换机的全局参数，例如改变交换机的主机名，就是一个全局配置。全局配置模式用网络设备名后跟"（config）#"结尾的提示符标识。

```
Switch# config terminal
Switch(config)#
```

在特权模式下输入"configure terminal"（可简写为 conf t）命令后，可以从特权模式进入全局配置模式。在全局配置模式下输入"exit"命令，可以从全局配置模式退回到特权模式。

4. 接口模式

接口模式是全局配置模式的下一级模式，与全局配置模式不同，用户在该模式下所做的配置可对接口参数进行配置。如设定接口的 IP 地址，这个地址只属于该接口。

```
Switch(config)# interface fastethernet 0/1
Switch(config-if)#
```

上面命令中 fastethernet 表示快速以太网接口类型，即百兆位以太网。在交换机的接口类型中常见的还有 ethernet、gigabitethernet 和 tengigabitethernet（它们的简写分别是 e、gi 和 te），其中："e"表示以太网接口类型，即十兆位以太网接口；"gi"表示吉比特以太网接口类型，即千兆位以太网接口；"te"表示十吉比特以太网接口类型，即万兆位以太网接口。

在全局配置模式下输入"interface 接口类型 接口号"，如 interface fastethernet 0/1（可简写为 int f0/1），就可以进入到接口模式。在接口模式下输入"exit"命令，可以从接口模式退回到全局配置模式。

交换机命令行四种模式之间的关系图如图 5-15 所示。交换机的命令行模式有很明显的层次关系，一般情况下都是逐层进入的，不可以跳着进入，例如，如果想要进入全局配置模式就必须先进入特权模式，而不能从用户模式直接进入全局配置模式。

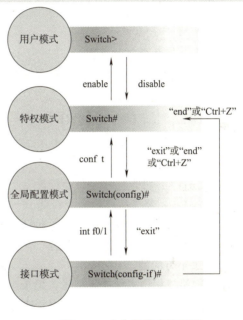

图 5-15　命令行模式关系图

六、命令行帮助、命令自动补齐和常用快捷组合键

下面介绍的是在配置网络设备时可以提高工作效率的一些小技巧。

1. "?"获得命令行帮助信息，主要用于命令提示

①显示当前模式下所有可执行命令以及命令注解。例如，显示用户模式下所有可执行命令。

```
Switch > ?
  disable     Turn off privileged commands
  enable      Turn on privileged commands
  exit        Exit from the EXEC
  help        Description of the interactive help system
  ping        Send echo messages
  show        Show running system information
  telnet      Open a telnet connection
  traceroute  Trace route to destination
--More--
```

②显示命令后接参数。例如,显示"interface"命令后可执行参数。

```
Switch(config)# interface  ?
Async           Async interface
BVI             Bridge-Group Virtual
Interface
CDMA-Ix         CDMA Ix interface
CTunnel         CTunnel interface
--More--
```

③显示所有可能命令的列表。例如,显示特权模式下所有以"con"开头的命令。

```
Switch # con?
configure connect
```

2. Tab 键命令自动补齐

使用"Tab"键可以补齐缺省命令单词。如在用户模式下,输入"en"后,按下"Tab"键可以自动补全 enable 命令。

```
Switch > en【按下"Tab"键】
Switch > enable
```

3. 常用组合键

- Ctrl+A:将光标移至命令行首。
- Ctrl+E:将光标移至命令行尾。
- Ctrl+C:放弃当前命令并退出配置模式。
- Ctrl+Z:快速回到特权模式,等效于 end 命令。

4. 上下方向键

交换机使用历史缓冲区技术,记录当前提示符下最近使用过的所有配置命令,使用键盘上"↑"方向键和"↓"方向键,可以调出刚刚操作过的命令,重新使用。

七、基本配置命令

1. 查看命令

Show 命令是查看交换机的基本命令,一般在特权模式下使用该命令。经常使用的命令有如下几种:
①显示与当前加载的 IOS 版本以及硬件和设备的相关信息。

```
Switch# show  version
```

该命令可以简写为 sh ver。
②查看交换机当前 MAC 地址表信息。

```
Switch# show  mac-address-table
```

③查看交换机当前生效的配置信息。

```
Switch# show running-config
```

该命令可以简写为 sh run。
④查看接口信息。

```
Switch# show  interfaces
```

```
Switch# show ip interface brief
```

2. 配置交换机名称

```
Switch(config)#hostname name
```

hostname 命令可以简写为 host，name 为配置后的设备名称。

3. 配置交换机密码

①配置交换机特权密码。特权密码分为明文密码和密文密码。

配置明文密码。

```
Switch(config)#enable password password
```

配置密文密码。

```
Switch(config)#enable secret password
```

②配置交换机控制台密码。

```
Switch(config)#line console 0
Switch(config-line)# password password
Switch(config-line)#login
```

③配置交换机远程登录密码。

```
Switch(config)#line vty 0 4
Switch(config-line)# password password
Switch(config-line)#login
```

4. 配置交换机管理地址

```
Switch(config)#interface vlan 1
Switch(config-if)#ip address ip-address subnet-mask
Switch(config-if)#no shutdown
```

5. 配置交换机端口

①指定接口的双工模式。

```
Switch(config-if)#duplex {full | half | auto}
```

②指定接口的通信速率。

```
Switch(config-if)#speed {10 | 100 | 1000 | auto}
```

视频

交换机配置实例

任务实施

一、网络拓扑结构图（见图 5-16）

图 5-16 Console 接口配置交换机

二、实施步骤

1. 硬件连接

如图 5-16 所示，Console 接口位于交换机背板，通过 Console 线缆将其与计算机的 COM 接口直连可以对交换机进行配置，开启交换机电源。

2. 通过超级终端连接交换机

①在计算机上运行 Secure CRT 软件，如图 5-17 所示。在软件主界面单击 Quick Connect 图标，可以快速与设备连接。

②进入 Quick Connect 对话框，在这里可以选择配置设备时采用的协议，实现本地 Console 接口方式的配置及其他具体参数的配置，如图 5-18 所示。在"Protocol"下拉列表中选择"Serial"选项。在"Port"下拉列表中选择"COM1"选项，在"Baud rate"下拉列表中选择"9600"选项，取消勾选"RTS/CTS"复选框。单击"Connect"按钮，成功登录交换机即可开始配置设备了。

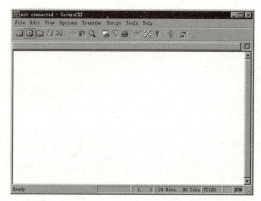

图 5-17　Secure CRT 软件主界面

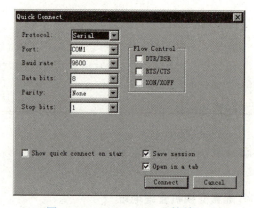

图 5-18　Quick connect 对话框

3. 基本配置

（1）交换机基本信息的查看

网络拓扑结构如图 5-16 所示，要求查看交换机系统和配置信息，以帮助使用者熟悉交换机的工作状态。

```
Switch#sh ver
Cisco IOS Software, C2960 Software (C2960-LANBASE-M), Version 12.2(35)SE5, RELESE SOFTWARE (fc1)
Copyright (c)1986-2007 by Cisco Systems, Inc.
Compiled Thu 19-Jul-07 20:06 by nachen
Image text-base: 0x00003000, data-base: 0x00D40000
 --More-
```

（2）查看交换机的 MAC 地址表

```
Switch # show mac-address-table
Destination Address   Address Type    VLAN    Destination Port
-------------------   ------------    ----    ----------------
cc01.3744.0000        Self            1       Vlan1
```

（3）交换机重命名

```
Switch(config)#hostname   SW1
```

```
SW1(config)#
```

(4) 交换机的加密配置

网络拓扑结构如图5-16所示，要求完成交换机控制台加密及特权模式加密，以增强设备的安全性。控制台加密：

```
SW1 (config)#line console 0
SW1 (config-line)# password  cisco
SW1 (config-line)#login
SW1 (config-line)#exit
SW1 (config)#exit
SW1#exit
SW1 con0 is now available

Press RETURN to get started.

User Access Verification
Password:
```

特权模式加密：

```
SW1(config)#enable password  cisco
SW1(config)#enable secret  cisco1
SW1(config)#exit
SW1(config)#disable
SW1>en
Password:
SW1#
```

当特权密码设置完成后，输入密码时，交换机不会有任何显示，只要输入的密码正确，按"Enter"键就可以进入特权模式。当交换机同时配置明文密码和密文密码，由于密文密码的优先级高于明文密码，则密文密码生效。此外，在运行配置文件中，明文密码可以在配置文件中看到，而密文密码是以加密的方式显示的，因此密文密码安全性更高。

```
SW1#sh run | begin enable
enable secret 5 $1$zhvn$dFNZvmDdmZRsNT462dxLb/
enable password cisco
```

(5) 交换机IP地址的配置

```
SW1#interface  vlan 1
SW1 (config-if)#ip address  192.168.1.100  255.255.255.0
SW1 (config-if)#no shutdown
SW1 (config-if)#exit
```

为交换机配置IP地址是配置在虚拟接口vlan1上，通过命令interface vlan1就可以进入接口进行配置。vlan1默认是交换机管理中心，交换机所有接口都默认连接在vlan1覆盖的广播域中。默认情况下，给vlan1配置的IP就是相当于给交换机配置管理地址。

（6）交换机端口的配置

```
SW1 (config)#interface fastEthernet 1/0
SW1 (config-if)#speed 10
SW1 (config-if)#duplex full
SW1 (config-if)#no shutdown
```

交换机所有端口默认情况下均开启。交换机接口速率默认情况下可以选择为 10 Mbit/s、100 Mbit/s、1 000 Mbit/s 或自适应端口速度。双工模式可以选择为全双工、半双工或自动协商。

能力拓展

网络拓扑结构如图 5-19 所示，两台交换机互联，它们分别连接两台主机，设备接口连接情况如图 5-19 所示。

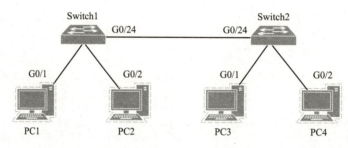

图 5-19　网络拓扑

要求完成如下配置：

通过命令查看 MAC 地址表，观察各个接口对应哪些 MAC 地址条目。

配置交换机互连接口的双工以及速率，观察双工和速率不匹配时的现象。

认证习题

选择题

1．（单选）下面关于 MAC 地址说法正确的是（　　）。

　　A．最高位为 1 时，表示唯一地址或单播地址

　　B．最高位为 0 时，表示组地址或组播地址

　　C．全为 1 时，表示广播地址

　　D．源 MAC 地址与目的 MAC 地址的前 24 位必须相同才可以通信

2．（单选）网络管理员在网络中捕获到了一个数据帧，其目的 MAC 地址是 01-00-5E-A0-B1-C3。关于该 MAC 地址的说法正确的是（　　）。

　　A．它是一个单播 MAC 地址　　　　　　B．它是一个广播 MAC 地址

　　C．它是一个组播 MAC 地址　　　　　　D．它是一个非法 MAC 地址

3．（单选）在以太网中，是根据（　　）来区分不同的设备的。

　　A．IP 地址　　　　B．MAC 地址　　　　C．IPX 地址　　　　D．LLC 地址

4．（多选）以下可以查看 MAC 地址的命令是（　　）。

　　A．ipconfig　　　　B．ipconfig /all　　　　C．getmac　　　　D．ping

5. （多选）一个 MAC 地址是（　　）。
   A. 6 byte　　　　　B. 48 byte　　　　　C. 12 bit　　　　　D. 48 bit
6. （单选）在以太网帧中，哪一个字段用于指示数据帧负载部分的协议类型？（　　）
   A. protocol　　　　B. type　　　　　　C. code　　　　　　D. port
7. （单选）交换机的 MAC 地址表是通过学习（　　）而产生的。
   A. 目的 IP 地址　　B. 源 IP 地址　　　C. 目的 MAC 地址　　D. 源 MAC 地址
8. （单选）下列关于交换机转发数据帧的描述，正确的是（　　）。
   A. 交换机依据路由表转发数据帧到正确的目的地
   B. 交换机收到数据帧总是以广播的方式转发出去
   C. 交换机会将数据帧的目的地址与接口编号对应写入 MAC 表中
   D. 交换机会将数据帧的源地址与接口编号对应写入 MAC 表中
9. （单选）当交换机的链路出现速率不匹配时，会导致（　　）。
   A. 数据通信过程中出现丢包现象　　　　B. 交换机的接口主动关闭
   C. 链路建立失败　　　　　　　　　　　D. 网络数据拥塞
10. （单选）通过命令 "show mac-address-table" 查看不到的信息是（　　）。
    A. IP 地址　　　　B. MAC 地址　　　　C. 接口　　　　　　D. 类型
11. （单选）通过检查 show ip interface brief 命令的输出可得到什么信息？（　　）
    A. 接口速度和双工设置　　　　　　　　B. 接口 IP 地址
    C. 接口 MAC 地址　　　　　　　　　　D. 接口 MTU
12. （单选）以下命令（　　）是配置交换机特权密码。
    A. enable password cisco level 15　　　B. enable password cisco
    C. enable secret cisco　　　　　　　　D. enable cisco
13. （单选）当交换机收到一个目的地址未知单播帧时，将会把该帧（　　）。
    A. 丢弃　　　　　　B. 缓存　　　　　　C. 泛洪　　　　　　D. 返回
14. （单选）当 CLI 界面中提示 "% Incomplete command." 时，代表什么含义？（　　）
    A. 字符错误　　　　B. 命令不存在　　　C. 命令未被执行　　D. 命令不完整
15. （单选）特权模式退回用户模式的命令是（　　）。
    A. exit　　　　　　B. end　　　　　　C. disable　　　　　D. enable
16. （单选）在交换机上从下面哪个模式可以进入接口模式？（　　）。
    A. 用户模式　　　　B. 特权模式　　　　C. 全局配置模式　　D. 接口模式

任务测评

任务 5　配置网络设备实现可靠传输（100 分）		学号： 姓名：			
序号	评分内容	评分要点说明	小项加分	得分	备注
一、以太网帧格式（16 分）					
1	获取主机 MAC 地址（6 分）	能够利用多种方法查看主机 MAC，加 6 分			
2	以太网帧格式（10 分）	正确辨析数据帧格式，并复述各字段所代表的具体含义，加 10 分			

续表

任务 5 配置网络设备实现可靠传输（100 分）			学号： 姓名：			
序号	评分内容	评分要点说明	小项加分	得分	备注	
二、交换机基本配置（84 分）						
（一）配置前的链接（14 分）						
3	连接设备（9 分）	正确使用 Console 线缆连接主机和交换机，加 10 分				
4	启动 CRP 软件（5 分）	正确初始化 CRP 软件，加 5 分				
（二）交换机基本配置（70 分）						
5	交换机的命令行模式（10 分）	正确使用相应命令切换命令行模式，加 10 分				
6	查看交换机 MAC 地址表（5 分）	正确使用 show 命令查看交换机 MAC 地址表并正确辨析表中内容，加 5 分				
7	查看交换机基本信息（6 分）	正确查看交换机基本信息，加 5 分				
8	命令行帮助（6 分）	配置交换机过程中正确使用命令行帮助，加 6 分				
9	配置交换机名称（4 分）	正确设置交换机名称，加 4 分				
10	配置交换机密码（20 分）	正确配置特权密码并验证，加 5 分； 正确配置交换机控制台密码并验证，加 5 分； 正确配置交换机远程登录密码并验证，加 10 分				
11	配置交换机 IP 地址（9 分）	正确配置交换机的管理 IP，加 8 分				
12	交换机端口的配置（10 分）	正确配置交换机双工模式，加 5 分； 正确配置交换机接口速率，加 5 分				

项目 3

考试中心网络工程项目

项目导入

HZY 是一所综合性高校,其二级学院——电子与信息工程学院申请并获批了考试中心项目,可以全向社会为有 IT 考试需求的考生提供认证考试服务,现要委托 NET 网络公司进行考试中心网络工程项目的设计及实施。小王等网络工程师们,要按照考试中心网络工程项目的需求进行网络工程项目的建设和施工。

学习目标

1. 能按照需求分析的方法,开展需求分析。
2. 根据网络需求合理化设计网络拓扑结构。
3. 分析用户网络需求,规划网络地址,进行设备选型。
4. 能够依据路由器的工作原理执行路由命令,实现网络互联。
5. 正确分析路由表信息,进行项目排错。
6. 能根据网络工程项目工作流程,实施项目设计和施工。
7. 能够进行项目测试和验收,并完成相关工程文档的撰写和归档。
8. 锻炼团队合作、科学严谨的职业精神。

项目实施

任务 6 实施项目调研,进行需求分析

任务描述

NET 公司的网络工程师接到一项工程任务,要为 HZY 学院建设考试中心网络工程项目,首先,网络工程师们要与甲方,即 HZY 学院沟通,进行需求调研和需求分析,从而提供合理、可靠的解决方案。需求分析是网络工程项目工作的第一步。

任务解析

通过完成本任务，使学生掌握需求分析的技巧，能够完成需求分析报告的撰写，为网络项目的下一步工作做好充分准备。

知识链接

● 视频
需求分析要点

网络项目的实际工作流程是首先进行需求分析，根据用户需求进行项目设计，与用户交流后，进入到项目实施阶段，最后完成项目，进行项目验收。

一、需求分析及其重要性

在实际工程中，甲方、乙方向来是相爱相杀的，甲方总觉得差那么一点点，所以不断要求乙方改。究其原因，主要是需求分析没做好。

都是中国人，在需求调研时沟通没有问题呀？

中国文化博大精深，中文是最美丽文字。中文有"海上升明月，天涯共此时！"这样美丽的诗句，意境、思乡都感受到了。但中文也有"能穿多少穿多少！"这样的语句，这是让多穿还是少穿呢？

所以语言有语言的艺术，沟通也有沟通的技巧。

研究表明，一个人成功的因素75%靠沟通，25%靠天才和能力。但是却并非每个人都能掌握沟通中的技巧，只有掌握了其中的技巧，才能真正有效地与客户沟通，了解用户需求，使项目的设计达到用户满意的目的。

二、需求调研时交流的技巧

（1）4W1H沟通技巧。
- When：什么时候去做，了解项目的时间要求、迫切度等，知己知彼。
- Who：谁去做，或谁来应用，考试中心项目针对的用户其实是考生，考生希望考试公平、公开、公正的同时，当然希望网络稳定、速度快。
- What：做的目的是什么，项目要实现的功能如何，预算是什么等。
- Where：从哪里入手，项目实施的场地，是新项目还是原有项目改造等。
- How：怎么做，以及怎么能做的更好。

（2）学会提问的技巧，先以对方的角度想想问题的答案。

（3）坚持以我为主，善于引导访谈对象。其实在与客户沟通时，有的时候客户都不清楚或说不明白自己想要的是什么，所以要善于引导，了解其潜在的需求。

（4）深入调查细节。特别是在做网站需求分析时，有时候用户的喜好都应了解清楚，如喜欢什么颜色、讨厌什么颜色等。

（5）善于寻求异常和错误情况。

（6）胆大心细。与客户沟通时要大胆提出自己的疑问或不清楚的地方，不要总是我认为是什么，要明确客户的需求。

（7）访谈后有总结。

孙子兵法云"兵无常势，水无常形"，在项目分析时第一原则要注意变通性，变通性指尽信书不如无书，在不违反法律、原则的前提下，注重变通，沟通不可能有固定模版。第二原则是创造性，孙子兵法云"凡战者，以正合，以奇胜"。创造性就是解决新问题需要新办法。

其实在作项目时，除了上述沟通技巧之外，有一个不变的原则就是诚实守信，学会换位思考，多站在用户的立场上，使设计的内容性价比达到最高，需求分析归纳见图 6-1。

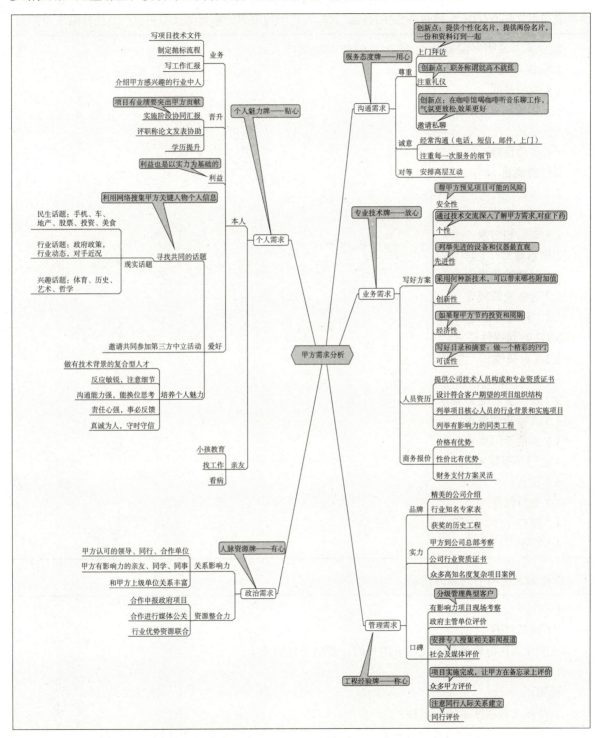

图 6-1　甲方需求归纳

三、依据国家标准制定软件需求说明书

在软件设计、网站开发时,需要进行软件需求说明,撰写说明书,下面列出计算机软件需求规格说明规范国家标准(GB/T 9358—2008)及编写提示,便于规范书写相关需求分析报告及软件需求说明书。

软件需求说明书国家标准(GB/T 9358—2008)
1 引言
1.1 编写目的
1.2 背景
1.3 定义
1.4 参考资料
2 任务概述
2.1 目标
2.2 用户的特点
2.3 假定和约束
3 需求规定
3.1 对功能的规定
3.2 对性能的规定
3.2.1 精度
3.2.2 时间特性要求
3.2.3 灵活性
3.3 输入/输出要求
3.4 数据管理能力要求
3.5 故障处理要求
3.6 其他专门要求
4 运行环境规定
4.1 设备
4.2 支持软件
4.3 接口
4.4 控制

软件需求说明书的编写提示。

---

1 引言
1.1 编写目的
说明编写这份软件需求说明书的目的,指出预期的读者。
1.2 背景
说明:
a. 待开发的软件系统的名称;
b. 本项目的任务提出者、开发者、用户及实现该软件的计算中心或计算机网络;
c. 该软件系统同其他系统或其他机构的基本的相互来往关系。

1.3 定义

列出本文件中用到的专门术语的定义和外文首字母组词的原词组。

1.4 参考资料

列出用得着的参考资料，如：

a. 本项目的经核准的计划任务书或合同、上级机关的批文；

b. 属于本项目的其他已发表的文件；

c. 本文件中各处引用的文件、资料、包括所要用到的软件开发标准。列出这些文件资料的标题、文件编号、发表日期和出版单位，说明能够得到这些文件资料的来源。

2 任务概述

2.1 目标

叙述该项软件开发的意图、应用目标、作用范围以及其他应向读者说明的有关该软件开发的背景材料。解释被开发软件与其他有关软件之间的关系。如果本软件产品是一项独立的软件，而且全部内容自含，则说明这一点。如果所定义的产品是一个更大的系统的一个组成部分，则应说明本产品与该系统中其他各组成部分之间的关系，为此可使用一张方框图来说明该系统的组成和本产品同其他各部分的联系和接口。

2.2 用户的特点

列出本软件的最终用户的特点，充分说明操作人员、维护人员的教育水平和技术专长，以及本软件的预期使用频度。这些是软件设计工作的重要约束。

2.3 假定和约束

列出进行本软件开发工作的假定和约束，例如经费限制、开发期限等。

3 需求规定

3.1 对功能的规定

用列表的方式（如 IPO 表，即输入、处理、输出表的形式），逐项定量和定性地叙述对软件所提出的功能要求，说明输入什么量、经怎样的处理、得到什么输出，说明软件应支持的终端数和应支持的并行操作的用户数。

3.2 对性能的规定

3.2.1 精度

说明对该软件的输入、输出数据精度的要求，可能包括传输过程中的精度。

3.2.2 时间特性要求

说明对于该软件的时间特性要求，如：

a. 响应时间；

b. 更新处理时间；

c. 数据的转换和传送时间；

d. 解题时间等的要求。

3.2.3 灵活性

说明对该软件的灵活性的要求，即当需求发生某些变化时，该软件对这些变化的适应能力，如：

a. 操作方式上的变化；

b. 运行环境的变化；

c. 同其他软件的接口的变化；

d. 精度和有效时限的变化；

e. 计划的变化或改进。

对于为了提供这些灵活性而进行的专门设计的部分应该加以标明。

3.3 输入输出要求

解释各输入输出数据类型，并逐项说明其媒体、格式、数值范围、精度等。对软件的数据输出及必须标明的控制输出量进行解释并举例，包括对硬拷贝报告（正常结果输出、状态输出及异常输出）以及图形或显示报告的描述。

3.4 数据管理能力要求

说明需要管理的文卷和记录的个数、表和文卷的大小规模，要按可预见的增长对数据及其分量的存储要求作出估算。

3.5 故障处理要求

列出可能的软件、硬件故障以及对各项性能而言所产生的后果和对故障处理的要求。

3.6 其他专门要求

如用户单位对安全保密的要求，对使用方便的要求，对可维护性、可补充性、易读性、可靠性、运行环境可转换性的特殊要求等。

4 运行环境规定

4.1 设备

列出运行该软件所需要的硬设备。说明其中的新型设备及其专门功能，包括：

a. 处理器型号及内存容量；

b. 外存容量、联机或脱机、媒体及其存储格式，设备的型号及数量；

c. 输入及输出设备的型号和数量，联机或脱机；

d. 数据通信设备的型号和数量；

e. 功能键及其他专用硬件。

4.2 支持软件

列出支持软件，包括要用到的操作系统、编译（或汇编）程序、测试支持软件等。

4.3 接口

说明该软件同其他软件之间的接口、数据通信协议等。

4.4 控制

说明控制该软件的运行的方法和控制信号，并说明这些控制信号的来源。

四、网络工程项目需求分析报告

需求分析报告一般包括项目概述、项目需求分析、项目可行性分析三部分。

1. 项目概述

项目概述要清楚明确，包括以下内容：

①项目名称。

②项目背景（需求和迫切性）。

③项目的目标。

④项目的内容（包括实现的主要功能和采用的相应技术）。

⑤项目的投资规模、建设周期。

⑥项目的收益。

2. 项目需求分析
①企业业务分析（从企业自身业务角度分析需求情况）。
②市场分析（从企业目标客户角度分析的需求情况）。

3. 项目可行性分析
从技术、经济和业务等方面分析项目实施的可行性。

这是需求分析报告样例，与客户沟通之后，分小组完成需求分析报告。养成良好的文档分析、撰写、归档的能力，是一个网络工程师必备的素质，很多人写个报告或任务书都觉得特别困难，其实只要平时坚持，认真完成，经过的项目多了，自然就会了。

有这样一个小故事。

曾经有一个年轻人拜在一位玉石师父的门下，希望师傅教他如何识玉。

师傅只让他打扫、抱薪、接待宾客，闲暇的时候就给他一块玉让他摸，并未教他怎么识玉。

弟子过几天就会问师傅："师傅呀！您什么时候才能教我怎么识别玉呢？"师傅只笑不语。

就这样过了一段时间，有一天，师傅又递给弟子一块玉，这时候，弟子大叫："师傅呀，你给我的这不是玉呀！"然后恍然大悟。

在学习的过程中，量的积累会导致质的变化，而且要多实践，多动手。撰写需求分析报告也一样，要克服不愿意写文档的心理，多看、多写、多练，相信不久之后，需求分析报告就会写的得心应手。

下面是一个需求分析报告模版。

视频
需求分析报告撰写

HZY 学院
考试中心建设项目

需求分析报告

开发小组：_____

年　　月　　日

HZY 学院考试中心建设项目

1. 项目概述
（1）项目名称

（2）项目背景（需求和迫切性）

（3）项目的目标

（4）项目的内容（包括实现的主要功能和采用的相应技术）

（5）项目的投资规模、建设周期

（6）项目的收益

2. 项目需求分析
1）企业业务分析（从企业自身业务角度分析需求情况）
（1）企业简介（本任务是哈尔滨职业技术学院）

（2）存在的问题（目前存在哪些方面的问题，可从工作效率、信息传递速度、客户服务效果等方面考虑）

（3）企业需求（本任务是将不在同网段的考试机和服务器连通）

2）市场分析（从企业目标客户角度分析电子商务的需求情况，这部分放这，让学生熟悉，本任务不涉及）
（1）企业的目标市场（说明企业目标市场的范围）

（2）目标市场的特点（分析企业目标客户的特点）

（3）目标市场的需求。

3）竞争对手分析

3.项目可行性分析（技术不清楚可以咨询老师或小组间交流）
从技术、经济和业务等方面分析项目实施的可行性。
（1）技术可行性

（2）经济可行性

（3）业务实施可行性

任务实施

本任务由学生组成项目团队，进行考试中心网络工程项目需求分析的实战演练，具体实施如下：

一、需求分析准备

邀请甲方来校进行需求分析实战，在与甲方沟通前，将项目组成员4~5人分为一组，进行准备、讨论，按5W1H提出自己想要问的问题，并记录。各组之间交流，展开讨论并互相点评。

视 频

需求分析实战

二、需求分析实战

每组队长带着整理的问题，在小会议室与甲方进行沟通和交流，提出自己的问题，并确定方案。

三、分工合作，进行项目设计和开发

按照每组沟通的结果，分别进行项目设计、选型，并撰写需求分析报告，与甲方再次沟通，甲方选择确定小组的方案后，教师要组织学生进行研讨、点评，对选中方案进行完善，并按照方案进行项目实施。

通过与甲方实际沟通、小组需求分析、方案设计及教师点评，小组间互相学习，每组提出一个方案，形成多个方案供甲方选择，最后通过的方案，一起进行实施，不仅学习到需求分析的要点，更在互相学习和互相竞争中锻炼了团队的配合和体验到项目的竞标。

小贴士：

要注意与甲方沟通时要大胆心细，作好记录和整理，需求分析要全面细致、语言通俗，让客户容易理解，不要用过于专业的词汇。

能力拓展

HZY 学院因为学校发展，现有网站须要进行重新开发设计，要新增 OA 审批系统、全媒体平台等模块，而且网站要全面改版，请依据计算机软件需求规格说明规范，撰写 HZY 学院网站开发需求分析报告。

要求：

① 报告内容全面，符合标准。

② 要使用符合客户语言习惯的表达。

③ 此份报告使开发人员和客户之间针对要开发的产品内容达成协议。报告应以一种客户认为易于翻阅和理解的方式组织编写。

④ 分析人员应可以向客户解释说明每个图表的作用、符号的意义和需求开发工作的结果，以及怎样检查图表有无错误及不一致等。

⑤ 开发人员要对需求及产品实施提出建议和解决方案，方案合理、可行，满足客户需求。

认证习题

一、单选题

1. 4W1H 中 H 是（　　）。
   A. 时间　　　　　　B. 地点
   C. 功能　　　　　　D. 怎么做

2. 学会提问技巧，主要表现是（　　）。
   A. 多问　　　　　　B. 从对方的角度想
   C. 从技术的角度想　D. 多说术语

3. 需求分析报告（　　）标准、模版。
   A. 有　　　　　　　B. 没有

二、判断题

1. 与甲方沟通时，要多用术语和图表，解释清楚。（　　）
2. 需求分析非常重要，争取一次就完成与甲方的沟通。（　　）

任务测评

任务6 实施项目调研，进行需求分析（100分）			学号： 姓名：		
序号	评分内容	评分要点说明	小项加分	得分	备注
一、需求分析准备（20分）					
1	按照 5W1H 准备问题（10分）	问题明确有效，了解用户要完成什么、什么时间完成、预算等，每个问题加 2 分，满 10 分为止			
2	观察客户潜在想法（5分）	能够在沟通时启发用户，使用户明确潜在的想法，如设备选择倾向等，加 5 分			
3	小组共同完成要提的问题（5分）	组员全部积极参与，加 5 分			

续表

任务6 实施项目调研，进行需求分析（100分）			学号： 姓名：		
序号	评分内容	评分要点说明	小项加分	得分	备注
二、需求分析实战（20分）					
（一）与客户面对面沟通（10分）					
4	礼貌大方，说话得体（2分）	注意礼貌，用词文明，加2分			
5	着装得体、正式（2分）	干净得体、正式，加2分			
6	问题全面（6分）	能够了解项目相关内容，沟通有效，加6分			
（二）沟通后整理和总结（10分）					
7	作好记录（5分）	记录条理清晰，加5分			
8	及时总结（5分）	及时总结并确定方案，加5分			
三、需求分析报告（60分）					
（一）报告分工明确（10分）					
9	分工明确（10分）	报告内容符合标准、分工明确、全员参与，加10分			
（二）提出项目方案合理（10分）					
10	方案合理可行（5分）	能够完成用户需求，加5分			
11	考虑全面（5分）	需求分析考虑全面，如扩展性、稳定性等，符合，加5分			
（三）具体设计内容（40分）					
12	使用技术可以达到要求（10分）	技术合理，可以完成需求，加10分			
13	设备选型合理（10分）	设备选择适合需求，加10分			
14	IP地址分配合理（10分）	地址规划合理，加10分			
15	考虑到网络的可扩展和维护性（10分）	考虑到网络的可扩展和维护性，加10分			

任务7 设计网络工程项目

任务描述

小王在完成前期的网络需求分析后，了解了该项目具体需求。在考试中心网络组建项目中，考场有20台具有联网需求的考试用机和1台用于接收考试服务器下发的考试题目和考试管理的管理机。Internet考试代理服务器与考场的主机相连接，该服务器负责通过Internet安全访问位于国外的在线考试服务机构，并向考场主机下发试题。Internet考试代理服务器布置在学校网络中心机房中，考场主机和Internet考试代理服务器处于不同的子网里，广播域隔离，同时考场设备要有必要的安全访问措施。为了保证性能要求，网络主机的端口速率要达到100 Mbit/s的传输速率。设备分布如图7-1所示。

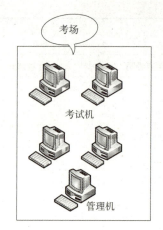

IP地址

图7-1 设备分布

任务分析

通过本任务，使学生理解依据网络需求设计逻辑网络拓扑结构的方法，掌握IP地址的相关概念和规划方法，能够根据网络需求选择合适的网络设备、组建物理网络。

相当技术

一、IP地址

1. IP地址的概念

计算机网络系统传递数据包和邮政系统快递货物在逻辑上有相似之处，当我们使用快递服务时，需要填写用于表示位置标识的地址信息才能将货物发往指定的目标。网络系统要想实现数据包的传输，也需要为网络上的主机分配相应的地址信息，主机发送的数据包要包含正确的地址信息才能被网络设备进行转发，到达地址所标识的主机。IP地址就是目前互联网中普遍采用的地址编码方案，IP地址标识了主机在网络中的逻辑位置。

IP地址是IP协议规定的对网络中主机进行的唯一标识符。在Internet中，一个IP地址可唯一地标识出网络上的一个主机。

IP协议有IPv4和IPv6两个版本，IP地址也相应的有IPv4地址和IPv6地址两种编码方式，目前普遍使用的是IPv4地址。不管哪种IP地址，其本质都是一串二进制码，图7-2所示的IPv4地址是一串32位长的二进制码。IPv6地址是一串128位长的二进制码，有关IPv6的知识请查阅相关资料。

11010010010010011000110000000110

图7-2 IPv4地址的二进制形式

IP地址设计时采用了层次化的编码思想，什么是层次化的编码思想呢？以学生的学号编码为例，同一个班级学生的学号前面若干位是一样的，而后几位是不一样的，其实前面一样的部分代表了班级的编号，而后面不一样的部分，代表了同一班级中某一个学生的具体编号。与此类似，IP地址分为网络号（Network Identity，NID）和主机号（Host Identity，HID）两个层次，网络号部分代表主机所在的网络，而主机标识代表了同一网络上的不同主机，如图7-3所示。显然，同一网络中的所有主机使用的网络标识是一样的，网络层设备对数据进行转发就是依据 IP 地址的网络标识部分将数据包发往指定网络，再依据主机标识部分发往相应的主机。

| IP 地址 | 网络号（NID） | 主机号（HID） |

图 7-3　IP 地址的层次结构

32 位长的 IPv4 地址，如果直接书写和记忆其二进制数是比较困难的，常见的 IP 地址标表示形式是将 32 位长的编码分为 4 组，每 8 位二进制为一组，即 4 个字节，将每个字节表示为十进制数，再用点来分隔，即得到了 IP 地址点分十进制记法，我们书写和配置时，都使用的是点分十进制记法，如图 7-4 所示。

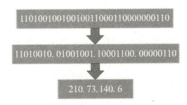

图 7-4　IP 地址的点分十进制记法

> **小贴士：**
> 随着网络技术的发展，网络上的主机设备越来越多，IPv4 地址的数量已无法满足 Internet 的需求。随着 IPv6 协议的应用逐渐普及，IPv6 地址可用地址数远多于 IPv4 地址，可以解决 IPv4 地址不够用的问题。

2. IP 地址的分类

为了保证 IP 地址在互联网上的唯一性，IP 地址的分配由互联网名字和数字分配机构（Internet Corporation for Assigned Names and Numbers，ICANN）统一协调管理，ICANN 负责分配 IP 地址中的网络号，为了便于管理并依据不同网络规模分配合适的网络号，IP 地址被分为了 A，B，C，D，E 五类，其中常用的 A，B，C 三类被设定拥有不同数量的主机，依据实际网络的主机数，ICANN 可以根据网络规模分配不同类型的 IP 地址。D 类 IP 地址为组播地址，E 类 IP 地址为用于科学研究的保留地址，均有特殊用途，不能直接分配给主机使用。五类 IP 地址如图 7-5 所示。

A，B，C 三类 IP 地址为最常用的 IP 地址，其 32 比特位被分为网络号（NID）和主机号（HID）两个层次。

A 类地址网络号定义为

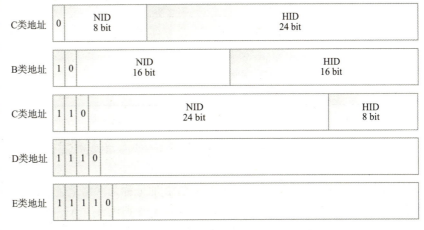

图 7-5　IP 地址分类

8 比特，主机号定义为 16 比特，其第一个比特位固定为 0。以点分十进制记法表示 A 类地址，网络号即为第一个字节，主机号为后三个字节。第一个字节的取值范围为 00000000~01111111，转为十进制即 0~127，即 2^7=128 个网络号编码。需要注意的是，127 是有特殊用途的网络号，它所代表的 IP 地址称为本机回环地址，常用于测试本机 TCP/IP 协议族是否安装正确，以 0 开头的网络号用来表示本地网络，也是有特殊用途的 IP 地址。因此，A 类 IP 地址代表网络号的第一个字节，实际取值范围为 1~126，即 2^7-2=126 个 A 类网络号编码。ICANN 可分配的 A 类网络号只有 126 个，可以称为 A 类网络只有 126 个。

每个 A 类网络容纳的最大主机数，取决于能表示主机号的编码个数。A 类 IP 主机号为 24 比特，则可以表示的主机号编码范围为 24 个，即 2^{24} 个不同的主机号编码，其中全为 0 和全为 1 的主机编码有特殊用途，不能分配给主机使用，则每个 A 类网络可分配给主机的主机号个数为 2^{24}-2 个，即每个 A 类网络中最多容纳的主机数为 2^{24}-2=16 777 214 个。以点分十进制记法表示，A 类 IP 地址的后三个字节的范围为 0.0.0~255.255.254。显然 A 类 IP 地址适合分配给超大型网络使用。

B 类 IP 地址网络号定义为 16 比特，主机号定义为 16 比特，其前两个比特位固定为 10。B 类 IP 地址所表示的网络号数量为 2^{14}=16 384 个，每个 B 类网络最多容纳的主机数为 2^{16}-2 个。以点分十进制记法表示 B 类地址，网络号即为前两个字节，其范围为 128.0~191.255，主机号为后两个字节，其范围为 0.1~255.254。B 类 IP 地址适合分配给大中型网络使用。

C 类 IP 地址网络号定义为 24 比特，主机号定义为 8 比特，其前三个比特位固定为 110。C 类 IP 地址所表示的网络号数量为 2^{21}=2 097 152 个，每个 C 类网络最多容纳的主机数为 2^8-2=254 个。以点分十进制记法表示 C 类地址，网络号即为前三个字节，其范围为 192.0.1~223.255.255，主机号为最后一个字节，其范围为 1~254。C 类 IP 地址适合分配给小型网络使用。

IP 地址的类型，可以通过其第一个字节的取值范围快速确定，各类 IP 地址所能表示的网络数和每个网络所包含的最大主机数如表 7-1 所示。

表 7-1 各类 IP 地址网络数数和容纳主机数

类别	起始位	第一字节范围	网络数	每个网络主机数	可分配 IP 范围
A 类	0	1~126	126	2^{24}-2=16 777 214	0.0.0.1~126.255.255.254
B 类	10	128~191	2^{14}	2^{16}-2=65 534	128.0.0.1~191.255.255.254
C 类	110	192~223	2^{21}	2^8-2=254	192.0.0.1~223.255.255.254
D 类	1110	224~239			224.0.0.0~239.255.255.255
E 类	11110	240~247			240.0.0.0~247.255.255.255

3. 特殊 IP 地址

IP 地址中有一些特殊地址不能分配给主机使用，主要有以下几种：

（1）网络地址

具有正常网络号，但主机号全为 0 的 IP 地址称为网络地址。网络地址用于表示某一个网络。如网络地址 110.0.0.0，150.230.0.0，200.200.34.0 分别代表了 A，B，C 三个不同类型的网络。

处于相同网络的主机，其网络号必然是一样的，同一网络内的主机通信，不需要三层设备进行网络路由，而不同网络主机之间通信是需要三层设备进行路由寻址的，三层设备是通过判定网络地址来决定如何转发数据的，详细的路由转发原理在后面的项目有所介绍。

（2）广播地址

主机号全为 1 的地址称为广播地址。在 IP 报文的目的地址字段中配置广播地址，表示该 IP 报文是向某网络中所有主机进行发送的广播报文，该网络中的所有主机都需要接收并处理该广播报文。广播地址又可细分为直接广播地址和有限广播地址。

- 直接广播地址：具有正常网络号，主机号全为 1。表示向指定网络发送的广播报文。例如 IP 地址 127.11.255.255，为 127.11.0.0 网络的广播地址。
- 有限广播地址：网络号和主机号均全为 1，即 255.255.255.255。表示向主机所在的本地网络发送广播报文。例如某主机的 IP 地址为 127.11.1.1，若该主机要向其所在的网络 127.11.0.0 中的所有主机发送广播报文，则其 IP 报文目的地址使用有限广播地址 255.255.255.255 即可。

（3）私有地址

在 IP 地址资源中，保留给用户进行内部组网使用，由用户自己管理和配置的 IP 地址，称为私有地址。私有地址不能出现在因特网中使用。

与私有地址相对应，由互联网管理机构分配，可在因特网中直接使用的地址称为公有地址。拥有私有地址的主机要接入因特网，必须经过地址转换（Network Address Translation，NAT），将私有地址转换为公有地址。依据规定，IP 地址资源中预留了 1 个 A 类地址段、16 个 B 类地址段、256 个 C 类地址段作为用户内部可自主分配使用的私有地址，具体地址范围如下：

- A 类：10.0.0.0～10.255.255.255。
- B 类：172.17.0.0～172.31.255.255。
- C 类：192.168.0.0～192.168.255.255。

随着实际互联网规模的不断扩大，需要接入网络的主机增多，IP 地址资源日渐紧张，实际上 IPv4 可分配的地址资源已经耗尽，引入使用私有地址是解决地址资源紧张的有效方案之一。私有网络内部进行通信，只要使用其内部私有地址即可，只有在访问互联网时才进行 NAT 转换，为其分配公有地址，这样可以有效节省地址资源。

（4）回环地址

以 127 开头的地址称为回环地址，该地址指向主机本身，一般用于检查本地主机的 TCP/IP 协议族是否正确加载。常用的回环 IP 地址就是 127.0.0.1。例如，执行 ping 127.0.0.1，主机将向本机的回环地址发送测试数据包，若测试数据包正常，则表示本机的 TCP/IP 协议族安装正确。

（5）全 0 地址

全 0 地址即所有比特位全为 0 的 IP 地址，即 0.0.0.0，该地址可以用来标识网络中的所有主机。常见使用 0.0.0.0 地址的应用场景主要用于指示默认路由，或在主机配置自动获取 IP 地址时，以 0.0.0.0 作为初始临时地址。

4. 子网划分

在网络地址规划中，如果使用有类 IP 地址进行规划会出现以下问题：

第一，IP 地址的利用率较低。依据 A，B，C 三类 IP 地址的定义，其适用网络规模是固定的，例如 B 类网段（具有相同网络号的 IP 地址称为同一个网段的 IP 地址），可分配的 IP 地址有 65 534 个，C 类网段分配的 IP 地址有 254 个。若一个局域网有 500 台主机需要分配 IP 地址，则只能申请一个 B 类网段才能符合要求，该网段的 IP 地址不能分配给其他的局域网使用，显然这种分配方式产生了 IP

地址分配浪费，IP 地址利用率低。

第二，IP 地址的分配不灵活。如果用户在原有网络的基础上要扩充新的局域网，或有划分不同局域网的需求，则需为每个局域网申请新的 IP 网段，即使原有的 IP 网段中仍有大量空闲的 IP 地址也无法使用。即使可以申请到新的 IP 网段，对大量具有不同网络号的 IP 网段进行管理也是比较复杂的。

为了解决有类 IP 地址的问题，提出了子网划分方法。

(1) 子网划分的概念

子网划分即指将某一给定的 IP 网段地址，进一步划分成小的网段过程，这些小的网段称为子网，每一个子网可以看成单独的局域网。子网划分应用于用户网络中的主机数没有超过给定 IP 网段的地址总数，而用户内部又有划分多个局域网分段进行管理的需求。

子网划分具体的实现方法是通过重新规划 IP 网段中的主机号实现的，将原 IP 网段的主机号中的前若干位作为子网号，剩下的作为主机号，如图 7-6 所示。

图 7-6　原主机号划分出子网号

划分子网后，IP 地址由原来的"网络号 + 主机号"二层结构变为"网络号 + 子网号 + 主机号"三层结构，此时原有的网络号加上子网号才能唯一标识一个网络，即 IP 地址中代表网络位的比特位长度为原网络号加上子网号长度。网络管理员可以根据实际网络的需求，决定子网号长度，从而确定子网数量和子网规模。

(2) 子网掩码

IP 地址在划分子网后，网络设备使用子网掩码决定 IP 地址中哪些位是网络号 + 子网号、哪些是主机号。子网掩码是一串与 IP 地址同样长度的二进制码，其中连续的 1 代表与其对应的 IP 地址中的相应位为网络号 + 子网号部分，其中连续的 0 代表与其对应的 IP 地址中的主机号部分。

图 7-7 所示的 IP 地址 192.168.10.6，若其对应的子网掩码为 255.255.255.240，则代表其 IP 地址中前 28 位为网络号 + 子网号，后 4 位为主机号。

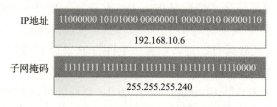

图 7-7　IP 地址与子网掩码

除了使用点分十进制的记法标识子网掩码，子网掩码也可以用"/"加上连续的 1 的长度来进行表示，如图 7-7 所示，其 IP 地址与子网掩码可以一起表示为 192.168.10.6/24。

如果不进行子网划分，则各类 IP 地址的默认子网掩码如下：

- A 类地址默认子网掩码 255.0.0.0。
- B 类地址默认子网掩码 255.255.0.0。
- C 类地址默认子网掩码 255.255.255.0。

在网络设备中，只需要将 IP 地址与子网掩码做逻辑与运算，即可得到该 IP 的网络地址。

> **小贴士：**
> 　　将 IP 地址和子网掩码用二进制数标识，对应位进行逻辑与运算。二进制数之间进行逻辑与运算遵循的规则为：1 与 1 为 1，1 与 0 为 0，0 与 0 为 0。显然，通过 IP 地址和子网掩码的逻辑与运算得到的二进制数，即为网络地址。

（3）子网规划设计

子网的设计是根据实际网络需求，换算子网号的个数，确定子网掩码。

设需要划分的子网个数为 P，每个子网的主机数不超过 Q 个，给定的 IP 网段主机号为 N 位，划分后子网号为 M 位，则需满足：

$$2^M \geq P$$
$$2^{N-M}-2 \geq Q$$

例如：某公司申请到一个 C 类网段 200.20.2.0/24，现公司规划建设 4 个子网，每个子网容纳的主机最多不超过 20 台，如何设计子网划分方案？

依据要求，设子网号为 M 位，需满足 $2^M \geq 4$，则 $M \geq 2$。

该 C 类网段划分前主机号为 8 位，划分后的主机号为 8-M 位，需满足 $2^{8-M}-2 \geq Q$，则 $M \leq 3$。

可见子网掩码长度取 2 和 3 都可以。设 $M=3$，则可划分的子网网络地址、每子网的有限广播地址、子网掩码如表 7-2 所示。

表 7-2　子网规划

子网编号	网络地址	有限广播地址	子网内 IP 范围
子网 1	200.20.2.0	200.20.2.31	200.20.2.1～200.20.2.30
子网 2	200.20.2.32	200.20.2.63	200.20.2.33～200.20.2.62
子网 3	200.20.2.64	200.20.2.95	200.20.2.65～200.20.2.94
子网 4	200.20.2.96	200.20.2.127	200.20.2.97～200.20.2.126
子网 5	200.20.2.128	200.20.2.159	200.20.2.129～200.20.2.158
子网 6	200.20.2.160	200.20.2.191	200.20.2.161～200.20.2.190
子网 7	200.20.2.192	200.20.2.223	200.20.2.193～200.20.2.222
子网 8	200.20.2.224	200.20.2.255	200.20.2.225～200.20.2.254
子网掩码		255.255.255.224	

二、IP 地址的配置

1. 主机 IP 地址配置

主机要想接入网络，主机上首先应装有标准网卡，网卡也称为网络适配器，网卡提供了连接网络的标准接口。主机要想接入网络，还需为网络适配器配置 TCP/IP 协议族，当然，目前所使用的操作系统，TCP/IP 协议族是默认安装的，主机的 IP 地址配置分为动态和静态两种方式，动态 IP 地址是由网络中分配 IP 地址的设备动态分配给主机的，而静态 IP 地址是管理员手工配置的，下面以安装 Windows 7 系统的主机为例，讲解配置 IP 地址的方法。

视频

IP地址配置

①右击桌面网络图标，选择"属性"，显示网络和共享中心界面如图 7-8 所示，单击其中的"更

改适配器配置",可以看到与网卡对应的网络连接,如图 7-9 所示。

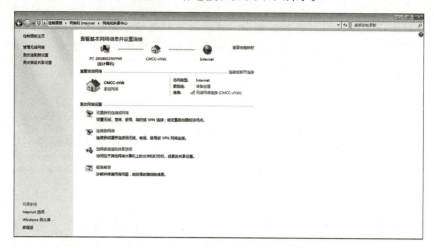

图 7-8　网络和共享中心界面

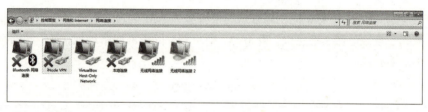

图 7-9　网络连接

②选择要配置 IP 地址的网络连接,右击该链接,选择"属性",出现图 7-10 所示的网络属性配置界面,在该界面中双击"Internet 协议版本 4（TCP/IPv4）"出现图 7-11 所示界面。

图 7-10　网络连接属性

图 7-11　IPv4 地址配置

③若主机动态获取 IP 地址,选择"自动获得 IP 地址"选项。若配置静态 IP 地址,选择"使用下面的 IP 地址",在文本框中填入 IP 地址、子网掩码。若网络中有网关和 DNS 服务器,可填上网关地址和 DNS 地址。

④查看 IP 地址的配置。在命令行中输入"ipconfig"或"ipconfig/all"即可查看 IP 地址配置情况。

2. 路由器接口的 IP 地址配置

路由器是网络中负责数据跨网转发的三层设备，它连接不同的网络，因此它有两个以上的三层网络接口，用于连接不同的网络，每个路由器接口都需配置其所在网络的合法 IP 地址，该地址可作为其所在网络的网关地址。

在路由器的接口模式下配置 IP 地址，配置命令如下：

```
Router(config)#interface fastEthernet 0/0
Router(config-if)#ip address ip_address subnet_mask
Router(config-if)#no shutdown
```

- ip address 为配置 IP 地址的关键字。
- ip_address 为分配给路由器接口的具体 IP 地址。
- subnet_mask 为 IP 地址对应的子网掩码。
- no shutdown 为开启接口命令。

3. 交换机管理 IP 地址

普通的二层交换机，其工作在数据链路层，依赖于数据帧中的 MAC 地址来实现同一网络内的相邻主机间的通信，其端口是不需要配置 IP 地址的，但在交换设备支持远程配置和管理的情况下，则需为其配置一个管理用 IP 地址，该地址通常配置在交换机虚拟局域网 vlan1 的虚接口上，通过任何物理接口都可访问该虚接口，有关 VLAN 的相关概念会在后面的项目中进行介绍。配置交换机管理地址的命令如下：

```
Switch(config)#interface vlan 1
Switch(config-if)#ip address ip_address subnet_mask
Switch(config-if)#no shutdown
```

"interface vlan 1"即进入 vlan 1 虚拟接口命令。

三、网络设备选型

网络工程项目要根据网络需求设计网络拓扑结构并选择合适的网络设备搭建物理网络。

网络设备主要指交换机、路由器、防火墙、服务器等数据通信设备。其中，交换机是局域网组建的核心设备，所有的局域网内设备需要通过交换机连接起来。路由器是三层设备，实现不同网络之间的数据寻址转发，实现了网络间的互连，通常作为局域网的网关设备。防火墙是网络安全设备，可以对网络行为进行安全控制，过滤和防范网络攻击。服务器是网络中负责提供服务的高性能主机，在服务器中可以配置 DHCP、FTP、Web 等多种网络服务。数据通信网络的核心设备是交换机和路由器。

视频
设备选型

1. 交换机分类及选型

交换机是用于组建接局域网的主要设备。在局域网络中，交换机最重要的应用就是提供网络接口，网络中所有设备的互连都要借助交换机才能实现。在一个典型的三层企业网络架构中，接入层、汇聚层、核心层都要选择合适类型的交换机来进行组网。

1）交换机的分类

根据不同的标准，可以对交换机进行不同的分类。不同种类的交换机其功能特点和应用范围也有所不同，应当根据实际的网络环境和实际需求进行选择。

(1) 可网管交换机和非可网管交换机

可网管交换机也称为智能交换机,其有独立的操作系统,通过专用的配置电缆可连接交换机的管理口 console 口,从而登录交换机的操作系统对其进行功能配置,如图 7-12 所示。非可网管交换机是不支持配置和管理的。

图 7-12　可网管交换机

(2) 固定端口交换机和模块化交换机

根据交换机的结构,可以分为固定端口交换机和模块化交换机(见图 7-13 和图 7-14)。固定端口交换机,端口数量和类型是固定不可以修改的,常见有 8 端口、16 端口、24 端口等,端口类型有 100 Mbit/s、1 000 Mbit/s、万兆以太网电口或光口等,而模块化交换机,用户可以根据需求选配不同类型的模块扩充端口数量和类型。

图 7-13　固定端口交换机　　　图 7-14　模块化交换机

(3) 接入层交换机、汇聚层交换机和核心层交换机

根据交换机在网络中的部署层次不同,可以分成接入层交换机、汇聚层交换机和核心层交换机。接入层交换机部署在接入层、通常为固定端口交换机,用于连接终端。汇聚层交换机部署在汇聚层,汇聚接入层交换机流量,传给核心层。汇聚层交换机可以是固定端口交换机,也可以是模块化交换机。汇聚层交换机通常全部采 1 000 Mbit/s 端口或插槽,拥有网络管理的功能。核心层交换机部署在核心层,也称中心交换机,是局域网的核心交换设备,并且作为高端交换机,一般全部采用模块化结构的可网管交换机,作为网络主干构建高速局域网。

(4) 二层交换机和三层交换机

根据交换机功能层次可以分为二层交换机和三层交换机。二层交换机工作在数据链路层,依靠二层 MAC 地址及内部的 MAC 地址表转发数据帧。接入层交换机通常采用第二层交换机。

三层交换机,具有二层交换机功能,同时具有部分三层路由的功能。核心层交换机通常都由三层交换机来充当。

2) 交换机选型参数

选择交换机时,主要参考的选型参数为交换机端口数量、端口类型、端口速率、背板带宽、包转发率等。

(1) 端口数量

常见的固定端口交换机有 8 端口、16 端口、24 端口、48 端口等不同端口数。根据网络拓扑结构选择合适端口数量的交换机，当端口数量不够时，可以通过交换机堆叠或级联扩充端口数。

（2）端口类型

组建局域网常用以太网交换机，以太网交换机传输数据的接口主要有连接双绞线的 RJ-45 接口和插入 SFP 光纤接口模块的 SFP 接口。

（3）端口速率

端口速率指交换机端口支持的最高传输速率，速率的单位为兆比特每秒（Million Bit Per Second）。依据支持的速率不同，端口可分为 10 Mbit/s 端口、100 Mbit/s 端口、1 000 Mbit/s（1 Gbit/s）端口，10 000 Mbit/s（10 Gbit/s）端口。

（4）背板带宽

背板带宽是交换机接口处理器或接口卡和数据总线间所能吞吐的最大数据量。背板带宽体现了交换机总的数据交换能力，单位为 Gbit/s，也叫交换带宽。一台交换机的背板带宽越高，所能处理数据的能力就越强。

（5）包转发率

包转发率指交换机每秒能够处理的数据包的数量，单位为 Mpps（Million Packet Per Second），包转发速率体现了交换引擎的转发功能，该值越大，交换机的性能越强。

（6）平均无故障运行时间

平均无故障运行时间（Mean Time Between Failure，MTBF）是可修复产品在相邻两次故障之间工作时间的数学期望值，即在每两次相邻故障之间的工作时间的平均值，它相当于产品的工作时间与这段时间内产品故障数之比，单位为小时（h）。

平均无故障运行时间是衡量产品可靠性的重要指标。

（7）MAC 地址表大小

交换机在其存储器中需建立 MAC 地址表，依据 MAC 地址表中记录的 MAC 地址和端口的对应关系，完成对数据帧的转发。交换机可创建 MAC 地址表越大、表项越多，数据转发的速率越快，效率越高。

除了上面讲解的参数之外，交换机的参数还有对 VLAN 的支持情况、交换机内部的缓存大小、支持网络管理的类型等多种参数。

在选择交换机时，要关注其重要的指标，图 7-15 所示的交换机产品宣传页面中，强调了交换机的背板带宽、包交换率、端口类型、端口数等。

交换机在全双工通信模式下，实现无阻塞数据交换，背板带宽应满足：

背板带宽≥单个端口速率×端口数×2

若全端口包转发下，无丢包，无阻塞包交换，需满足下列公式：

包转发率≥万兆端口数 ×14.88 Mpps+千兆端口数×1.488 Mpps+百兆端口数 × 0.148 8 Mpps

若交换机的背板带宽和包转发率满足无阻塞、不丢包要求，可称为线速交换机。

通过计算，请判断图 7-15 所示的交换机是否为线速交换机。

图 7-15　交换机产品宣传页

2. 路由器分类及选型

路由器是用来连接多个不同网络或网段的设备。路由器作为三层网络设备，通过判断 IP 分组报文中的逻辑地址即 IP 地址查找其内部维护的路由表，实现跨网络的数据寻址转发。

1）路由器的分类

与交换机类似，按照不同特性可以对路由器进行不同分类，按性能档次不同可以将路由器分为高、中和低档路由器，如图 7-16 和图 7-17 所示。从结构上划分，路由器可分为模块化和非模块化两种结构。从功能上划分，可将路由器分为用于核心层的主干级路由器，用于汇聚层的企业级路由器和用于接入层的接入级路由器，如果按路由器所处的网络位置划分，可以将路由器划分为边界路由器和中间节点路由器两类。

图 7-16　华为 AR2220 模块化中档路由器　　图 7-17　思科 8000 系列高档路由器

2）路由器选型参数

路由器的参数主要指吞吐量、丢包率、时延、路由表容量、CPU、内存等。

（1）吞吐量

吞吐量是指在不丢包的情况下，单位时间内通过路由器的数据包数量，单位为 pps（Packet Per Second）。吞吐量是表征路由器数据包转发性能的重要指标。高性能路由器的吞吐量一般大于 20 Mpps。

（2）丢包率

丢包率是指核心路由器在稳定的持续负荷下，由于资源缺少而不能转发的数据包在应该转发的数据包中所占的比例。

（3）时延

时延是指数据包第一个比特进入路由器到最后一个比特从核心路由器输出的时间间隔。

（4）路由表容量

路由表容量指路由器容纳的路由条目数量。路由器维护路由表，通过查询路由表中的路由条目决定包转发路径，路由表越大，容纳的路由条目越多，路由器性能越强。

（5）CPU

CPU 是路由器最核心的器件，CPU 的好坏直接影响路由器的性能。

（6）内存

处理器内存是用来存放运算过程中的所有数据，因此内存的容量大小对处理器的处理能力有一定影响。

除上述的路由器参数外，路由器还包括连接认证、VPN、QoS、IP 语音、冗余协议、网管、冗余电源、热插拔组件等多种指标。

与交换机相比，路由器要连接不同类型网络实现通信，因此根据网络实际需求，选择配有相应接口模块的路由器，实现不同网络之间的连接。路由器支持的协议种类要满足网络需求，支持常见的路由协议并满足用户个性化需求。路由器的性能参数要满足网络需求，网络的核心主干路由器要满足高性能、高可靠的要求。与交换机相比，路由器数据路由转发基于软件实现，路由器可以提供更多的网络控制、管理功能，如防火墙、VPN 功能等。

视频
设计方案

任务实施

一、网络逻辑拓扑结构图

依据 VUE 考试中心网络项目的设计要求，网络逻辑拓扑结构设计如图 7-18 所示。

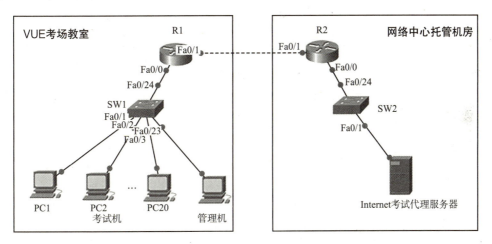

图 7-18　VUE 考试中心网络项目拓扑结构图

二、具体实施

1. 搭建逻辑拓扑结构图

在网络设计时要考虑四个方面的要素。第一，设计网络时依据网络调查情况，确定技术路线，确定网络协议，基于路由器和交换机的局域网方案是较好的解决方案。项目实际使用普遍的局域网技术，即以太网技术，使用以太网网络设备来进行组网。第二，在网络设备选择上，选择 Cisco 系列产品，Cisco 是主流网络设备产品，本书的实践是基于 Cisco 仿真器来搭建拓扑结构和进行配置实验的。第三，计算机终端设备和服务器的选型既考虑性能指标、性价比、设备的运行维护费用，也考虑设备的可扩充性。第四，安全性是另一个关键要求，在设计网络时，应考虑网络安全管理的相应机制。

使用思科仿真器搭建逻辑拓扑结构，实现网络需求，并进行后面的网络配置仿真。依据网络需求，在考场中使用交换机连接考试机和管理机，根据主机数量，使用一台 24 口的百兆交换机即可满足要求，同时具备一定的可扩展性。选择具有两个百兆接口的路由器 R1 作为考场子网的网关设备，子网均使用双绞线以太网链路连接。

在网络中心机房中安放 Internet 考试代理服务器，连接在一个 24 口百兆交换机上，交换机可以为后期网络终端扩展提供接口，交换机连接在网关设备路由器 R2 上，网络中心设备构成一个子网，使用双绞线以太网链路连接，R2 与 R1 同样通过双绞线连接，两者之间的链路又构成独立子网，整个局域网的设计由三个子网组成。考试服务器与因特网的连接由学校网络中心负责。

使用思科仿真器中的设备,进行拓扑结构搭建,交换机使用 Cisco 2960-24TT 交换机,该交换机是一个智能化的非模块化二层交换机,有 24 个百兆以太网口,2 个千兆以太网接口,路由器选择 Cisco2811 多业务路由器,该路由器具有两个百兆的局域网接口,同时提供多个接口插槽,可以扩展接口数量和类型,支持防火墙、VPN 等网络功能,满足网络性能要求。考试用机和 Internet 考试代理服务器没有选择具体的型号,不影响进行后面的仿真配置。设备列表如表 7-3 所示。

表 7-3 设备列表

设备编号	设备型号	描述	数量
交换机 SW1 交换机 SW2	Cisco 2960-24TT	非模块化,二层智能交换机,24 个百兆以太网接口,2 个千兆以太网接口	2
路由器 R1 路由器 R2	Cisco 2811	多业务路由器,2 个固定的局域网接口,具有可扩展模块接口插槽	2
考试用机 PC1~PC20 管理机 PC21	—	—	21
Internet 考试代理服务器 Server1	—	—	1

2.IP 地址规划

网络有两个路由器,分为三个子网,其中子网 1 为考场教室,网关为路由器 R1,子网 2 位于路由器之间的链路区域,子网 3 为网络中心服务器托管机房,路由器 R2 作为子网 2 的网关。需要为三个不同子网设备(接口)分配 IP 地址。三个子网需要规划三个不同网段的 IP 地址,给定网段 172.16.0.0/24,将其划分三个子网,分配给子网 1、子网 2、子网 3。表 7-4 所示为 IP 地址子网规划。

表 7-4 IP 地址子网规划

子网	IP 地址范围	使用部门
子网 1 VUE 考场	172.16.1.0/24 考试机 172.16.1.1-172.16.1.20 管理机 172.16.1.253 网关 172.16.1.254	考试机及管理机
子网 2 R1 与 R2 之间链路区域	172.16.2.1/24	考场路由器 R1 外端口 R1-Fa0/1
	172.16.2.2/24	网络中心路由器 R2 外端口 R2-Fa0/1
子网 3 网络中心服务器托管机房	172.16.3.0/24 Internet 考试代理服务器 172.16.3.1 网关 172.16.3.254	网络中心托管机房

为各子网中需要分配 IP 地址的设备(接口)分配具体的 IP 地址,表 7-5 给出 VUE 考场即子网 1 的 IP 地址分配,表 7-6 给出网络中心托管机房中设备的具体 IP 分配。

表 7-5　VUE 考场 IP 地址分配

考试机编号	IP 地址	对应交换机 SW1 端口
PC1	172.16.1.1/24	Fa0/1
PC2	172.16.1.2/24	Fa0/2
PC3	172.16.1.3/24	Fa0/3
PC4	172.16.1.4/24	Fa0/4
PC5	172.16.1.5/24	Fa0/5
…	…	…
PC20	172.16.1.20/24	Fa0/20
管理机 PC21	172.16.1.253/24	Fa0/23
路由器 R1 子网内端口 R1-F0/0	172.16.1.254/24	Fa0/24

表 7-6　网络中心托管机房 IP 地址分配

设　备	IP 地址	对应交换机 SW2 端口
路由器 R2 子网内端口 R2-F0/0	172.16.3.254/24	Fa0/24
Internet 考试代理服务器	172.16.3.1/24	Fa0/1

网络中的交换机和路由器均采用了可远程管理设备，可以通过 telnet 远程登录设备进行管理配置，因此需要为交换和路由设备分配可远程访问的 IP 地址，该地址称为管理地址。管理地址的参考规划如表 7-7 所示，路由器的管理地址可以使用路由器某物理接口的 IP，也可以设置在环回口 loopback0 上。loopback 口是逻辑接口，它的特点是没有物理实体，是一类虚拟的逻辑口，逻辑口可以不受物理链路的影响而一直处于激活态。交换机的管理地址通常配置在 vlan1 的虚接口上。管理地址的规划参考如表 7-7 所示。

表 7-7　管理地址规划

设　备	地　址
路由器 R1	loopback0 1.1.1.1/32
路由器 R2	loopback0 2.2.2.2/32
交换机 SW1	vlan1 172.16.1.252/24
交换机 SW2	vlan1 172.16.3.252/24

　　上述给出的地址规划为给出的参考配置，请读者自主完成合理的 IP 地址合理规划。请使用 Cisco 模拟器完成拓扑搭建，依据 IP 地址规划为设备进行 IP 地址的配置。

　　安全接入和配置，是指在通过本地接入或远程端口接入网络设备前必须通过认证和授权限制，从而为网络设备提供安全性。为了保障交换和路由设备通过本地 console 口登录和远程 telnet 登录的安全性，设计了表 7-8 所示的安全认证机制，主要采用了密码验证的方式进行登录验证。

表 7-8 访问安全规划

访问方式	保证网络设备安全的方法
Console 控制接口的访问	设置密码： 交换机进入特权模式的密码：ciscosw 路由器进入特权模式的密码：ciscoroute 超时限制：超时限制设成 5 分钟
telnet 访问	配置密码： 配置交换机 Telnet 密码：ciscosw 配置路由器 Telnet 密码：ciscoroute ACL 访问控制：禁止除管理机外其他主机登录网络中的交换和路由设备

交换机的相关配置方法在前面有所介绍，路由器的配置与交换机的配置类似，telnet 与 ACL 的配置方法请读者查阅相关资料。

能力拓展

网络设计中，IP 地址的规划非常重要。针对主机数量不多的小型企业，使用 C 类网段进行子网划分是比较常见的。

若给定 C 类网段 192.168.1.0/24 位，请依据前述任务的要求，完成三个子网的 IP 地址规划，请给出划分后的子网掩码、每个子网的 IP 地址范围、网络地址和广播地址。

认证习题

选择题

1.（单选）网络管理员希望能够有效利用 192.168.176.0/25 网段的 IP 地址。现公司市场部门有 20 个主机，则最好分配（　　）给市场部。
    A. 192.168.176.160/27　　　　　　　　B. 192.168.176.96/27
    C. 192.168.176.0/25　　　　　　　　　D. 192.168.176.48/29

2.（单选）下列（　　）不能作为主机的 IPv4 地址。
    A. A 类地址　　　B. B 类地址　　　C. C 类地址　　　D. D 类地址

3.（单选）某公司申请到一个 C 类 IP 地址段，但要分配给 6 个子公司，最大的一个子公司有 26 台计算机，不同的子公司必须在不同的网段中，则该最大的子公司的网络子网掩码应设为（　　）。
    A. 255.255.255.224　　　　　　　　　B. 255.255.255.128
    C. 255.255.255.0　　　　　　　　　　D. 255.255.255.192

4.（单选）第一个八位组以二进 1110 开头的 IP 地址是（　　）地址。
    A. A 类　　　　　B. B 类　　　　　C. C 类　　　　　D. D 类

5.（单选）你最近接管了公司网管的工作，在查看设备配置时发现在一台交换机上配置了 VLAN 1 的 IP 地址，你可以判断出该 IP 地址的作用是（　　）。
    A. 作为 VLAN 1 内主机的默认网关
    B. 作为交换机的管理地址
    C. 交换机必须配置 IP，否则交换机无法工作
    D. 交换机上创建的每个 VLAN 必须配置 IP 地址，否则无法为 VLAN 指派接口

6.（多选）子网划分使得 IP 地址结构分为哪三部分？（　　）
    A. 网络标识   B. 主机标识
    C. 广播标识   D. 子网表示

7.（多选）下面关于 IP 地址说法正确的是哪几项？（　　）
    A. 每一个 IP 地址包括两部分：网络号和主机号
    B. IP 地址分为 A、B、C、D、E 五类
    C. 使用 32 位的二进制地址，通常用点分十进制记法
    D. IP 地址子网掩码与 IP 地址逐位进行与运算操作，结果也是一个 32 位的二进制数。这 32 位中，为 0 的部分代表主机号

8.（单选）工程师在用户现场对一台处于出厂状态的思科 2900 系列交换机进行上架前的初始化配置，在以下几种方式中，哪一种方式可以被用于对该路由器进行初始化配置？（　　）
    A. 使用 telnet 方式登录系统命令行   B. 使用 SSH 方式登录系统命令行
    C. 使用 console 方式登录系统命令行   D. 使用浏览器登录 Web 配置界面

9.（单选）主机地址为 193.32.5.20，掩码为 255.255.255.192，则主机所在网络地址为（　　）。
    A. 193.32.5.20   B. 0.0.5.20
    C. 193.32.0.0   D. 193.32.5.0

10.（单选）一台路由器的两个接口配置了两个 IP 地址，一个地址为 192.168.10.1/24，另一个接口的地址可能是（　　）。
    A. 192.168.10.2/24   B. 192.168.10.0/24
    C. 192.168.11.1/24   D. 以上都有可能

11.（单选）若子网掩码为 255.255.255.192，则各子网中可用的主机地址总数为（　　）。
    A. 62   B. 64   C. 128   D. 126

任务测评

任务 7　设计网络工程项目（100 分）		学号： 姓名：			
序号	评分内容	评分要点说明	小项加分	得分	备注
一、逻辑拓扑搭建（20 分）					
1	拓扑设计（10 分）	依据项目需求，正确使用思科模拟器搭建拓扑，加 10 分			
2	设备选型（10 分）	依据项目需求，选择合适的网络设备，加 10 分			
二、IP 地址规划（60 分）					
3	子网划分及地址规划（25 分）	依据逻辑拓扑，设计合理的 IP 地址规划方案，加 25 分			
4	设备管理地址规划（10 分）	设计合适的管理地址，加 10 分			
5	IP 地址的配置（25 分）	在仿真软件中正确配置主机的 IP 地址、交换机和路由器的管理地址、交换机接口地址等，加 20 分			

续表

任务 7	设计网络工程项目（100 分）		学号：		
			姓名：		
序号	评分内容	评分要点说明	小项加分	得分	备注
三、访问安全规划（20 分）					
6	安全密码设计（10 分）	设计交换机与路由器的安全访问密码方案，加 10 分			
7	访问密码配置（10 分）	在模拟器中正确配置交换机与路由器的相关密码，加 10 分			

任务 8　实施网络工程项目

任务描述

路由原理

考试中心项目经过需求分析、设备选型及 IP 地址规划后，现依据设计方案进行设备配置，实现网络的互联互通。

任务解析

通过完成本任务使学生掌握路由原理、路由器的工作原理、路由表的形成，通过配置静态路由及默认路由实现网络互通，并会排查网络故障。

知识链接

一、路由原理

路由就是跨越从源主机到目标主机的一个互联网络来转发数据包的过程。如图 8-1 所示，主机 A 要发往数据到主机 B 需要经过中间这些路由器，这些路径中在某一时刻总会有一条路径是最优的，如何选中一条最优的路径从主机 A 到主机 B？为了尽可能提高网络效率，就需要一种策略来判断从源主机到达目标主机所经过的最佳路径，从而进行数据转发，这就是路由选择（Routing）。这个过程类似于生活中邮寄包裹，主机 A 邮寄一个包裹给主机 B，在传输数据的计算机网络中，路由器就相当于邮局，邮局的作用就是收发包裹、传递包裹，以及为包裹选择最优的路径。

能够将数据包转发到正确的目的地，并在转发过程中选择最佳路径的设备就是路由器（Router）。路由器通过路由决定数据的转发，转发策略称为路由选择，这也是路由器名称的由来。

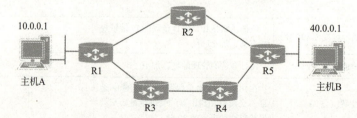

图 8-1　路由器连接不同网段

二、路由器的工作原理

网络中,每个路由器都维护着一张路由表,路由器就是根据路由表进行数据包的转发。在路由表中包含有该路由器能够到达的所有目的网络地址,以及通过这个路由器能够到达这些网络的最佳路径。

我们以图 8-1 的网络为例来简要说明路由器的工作原理。主机 A 需要向主机 B 发送信息,它们之间需要通过多个中间路由器的转发,转发数据包的过程如下:

① 主机 A 要发送数据包给主机 B,因为 IP 地址不在同一网段,所以主机 A 会将数据包发送给本网段的网关路由器 R1。

② 路由器 R1 接收到数据包,先查看数据包 IP 首部中的目标 IP 地址,再查找自己的路由表并计算出发往主机 B 的最佳路径为 R1 → R2,路由器 R1 将数据包发往路由器 R2。

③ 路由器 R2 也是按这样的步骤转发数据,到达路由器 R5。

④ 路由器 R5,同样取出目的地址,发现 40.0.0.1 就在该路由器所连接的网段上,于是将该数据包直接交给主机 B。

在转发数据包的过程中,如果在路由表中没有找到数据包的目的地址,则根据路由器的配置转发到默认接口或者给用户返回"目标地址不可达"的信息。

三、路由表

路由表(Routing Table)是路由器工作的重要依据和参考,路由器通常由三种途径构造路由表:直连路由、静态路由和动态路由。

- 直连路由:由设备自动发现的端口直接连接网段的路由信息。
- 静态路由:由网络管理员手工配置添加到路由表中。
- 动态路由:通过路由协议(如 RIP、OSPF 等)自动学习来构造路由表。

在路由表中,每一行就是一个路由条目。生成直连路由条目的条件是路由器接口已经完成了 IP 地址的配置且接口为 up 状态。直连路由是配置静态和动态路由的基础,如果路由器没有直连路由条目,静态路由和动态路由将无法在路由表中生成。

用"show ip route"命令可以查看路由表信息。在命令输出中,前面会列出关于路由类型的简写代码,包括 C、S、R、M、B 等。其中,C 用于标识直连路由条目,S 用于标识静态路由条目,R 用于标识通过 RIP 协议学到的路由条目等。路由表中的第一项是路由的来源(直连、静态和动态),用于确定路由的获取方式。图 8-2 所示为在路由器 R1 的路由表中包含两条 C 的直连路由条目和一条 S 的静态路由条目。

```
R1# show ip route
Codes: C - connected, S - static, R - RIP, M - mobile, B - BGP
       D - EIGRP, EX - EIGRP external, O - OSPF, IA - OSPF inter area
       N1 - OSPF NSSA external type 1, N2 - OSPF NSSA external type 2
       E1 - OSPF external type 1, E2 - OSPF external type 2
       i - IS-IS, su - IS-IS summary, L1 - IS-IS level-1, L2 - IS-IS level-2
       ia - IS-IS inter area, * - candidate default, U - per-user static route
       o - ODR, P - periodic downloaded static route

Gateway of last resort is not set

     10.0.0.0/24 is subnetted, 1 subnets
C       10.0.0.0 is directly connected, FastEthernet0/0
     20.0.0.0/24 is subnetted, 1 subnets
C       20.0.0.0 is directly connected, FastEthernet0/1
     30.0.0.0/24 is subnetted, 1 subnets
S       30.0.0.0 [1/0] via 20.0.0.1
```

图 8-2 路由表信息

四、静态路由

静态路由（Static Routing）是由网络管理员在路由器中手工配置的固定路由，用于指定去往目的网络的明确路径。

静态路由的特点：静态路由是单向的，需要双向手工配置，即要想实现双方通信，必须在通信双方配置双向的静态路由。静态路由不会占用路由器太多的 CPU 和 RAM 资源，也不会占用太多带宽。管理员可以通过静态路由控制数据包在网络中的流动，对路由的行为进行精准地控制。静态路由需要网络管理员根据实际需要逐条手工配置，路由器不会自动生成所需的静态路由。当网络拓扑发生变化时，除非网络管理员干预，否则静态路由不会发生变化。

静态路由一般适用于比较简单的小型网络环境，在这样的环境中，网络管理员更易于清楚地了解网络的拓扑结构，便于设置正确的路由信息。

配置静态路由的过程：

①根据网络拓扑结构，确定路由器的直连网段。在图 8-1 所示的网络拓扑图中，路由器 R1 和 R2 都分别有两条直连网段，这两台路由器完成网络基本配置后，路由表中就会出现两条直连路由信息，但这时网络还是不能互通。

②根据网络拓扑结构，确定路由器非直连网段数量。要达到网络互通，需要网络拓扑中任意一台路由器的路由表拥有任意网段的路由条目，除了路由器的直连路由外，其他非直连网段就需要配置静态路由。图 8-1 所示的网络拓扑图中，路由器 R1 和 R2 都分别有一条非直连网段，它们的路由表中都缺少去往非直连网段的路由信息，要保证网络的互通就需要为 R1 和 R2 这两台路由器分别配置一条静态路由。

③根据静态路由的配置命令配置路由器，完善路由表信息。

配置静态路由需要明确两点信息：
- 非直连网络地址。
- 路由器的下一跳地址。

> **小贴士：**
> "下一跳地址"指的是要到达非直连网段时数据包应先转发给哪一个接口，接口的 IP 地址称之为"下一跳地址"。

静态路由的配置命令：

```
Router(config)# ip route network mask {address | interface}
```

各参数含义：
- network：目的网络地址。
- mask：子网掩码。
- address：到达目的网络经过的下一跳路由器的接口地址。
- interface：到达目的网络的本地接口。

五、默认路由

默认路由（Default routing）也被称为"缺省路由"，是一种特殊的静态路由。如果路由器上配置了默认路由，当路由表与 IP 数据包的目的地址没有匹配的表项时，数据包会根据默认路由的配置转发到指定的接口；如果没有配置默认路由，没有匹配表项的数据包将被丢弃。

如图8-3所示，这样只有一个出口的网络称为末梢网络（Stub Network），R1是网关路由器，R2是ISP的接入设备，公司内网中的主机要访问Internet必须要通过路由器R1和R2，没有第二条路可走，网络管理员不可能在R1路由器上配置到达Internet的所有路由，要想让R1获得到达整个Internet的路由显然不现实，在这种情况下，我们就可以在路由器R1上配置一条默认路由，只要内网中有主机要访问Internet，数据包发往R1后，路由器R1都会按默认路由转发到路由器R2的S0接口，而不管该包的目的地址到底是哪个网络。

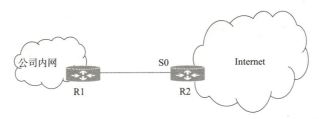

图 8-3 默认路由

默认路由的配置命令：

```
Router(config)# ip route 0.0.0.0 0.0.0  address
```

各参数含义：

- 0.0.0.0 0.0.0.0：代表任何网络，也就是说发往任何网络的包都转发到命令指定的下一个路由器接口地址。
- address：到达目的网络经过的下一跳路由器的接口地址。

视频

静态路由

在前面的设计网络工程项目中已经完成了对考试中心网络拓扑和IP地址规划的设计，图8-4所示为考试中心网络拓扑结构，表8-1所示为考试中心IP地址规划。考试中心分为两部分——考试机和考试服务器，分处两个网段。本次任务要实现考试机与考试服务器网络的互通。

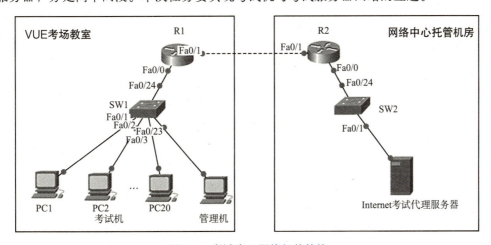

图 8-4 考试中心网络拓扑结构

表 8-1 考试中心 IP 地址规划

子网	IP 地址范围	使用部门
子网 1 VUE 考场	172.16.1.0/24 考试机 172.16.1.1～172.16.1.20 管理机 172.16.1.253 网关 172.16.1.254	考试机及管理机
子网 2 R1 与 R2 之间链路区域	172.16.2.1/24	考场路由器 R1 外端口 R1～Fa0/1
	172.16.2.2/24	网络中心路由器 R2 外端口 R2～Fa0/1
子网 3 网络中心服务器托管机房	172.16.3.0/24 Internet 考试代理服务器 172.16.3.1 网关 172.16.3.254	网络中心托管机房

一、直连路由的配置

在路由器 R1 的全局配置模式下输入以下代码，配置接口。

```
R1(config)# int  f 0/0
R1(config-if)#ip address  172.16.1.254  255.255.255.0
R1(config-if)#no shutdown
R1(config)# int  f1/0
R1(config-if)#ip address  172.16.2.1  255.255.255.0
R1(config-if)#no shutdown
```

在路由器 R2 的全局配置模式下输入以下代码，配置接口。

```
R2(config)# int  f 0/0
R2(config-if)#ip address  172.16.2.2  255.255.255.0
R2(config-if)#no shutdown
R2(config)# int  f 1/0
R2(config-if)#ip address  172.16.3.254 255.255.255.0
R2(config-if)#no shutdown
```

在路由器 R1 的特权模式下，输入"show ip route"命令查看 R1 路由表信息。

```
R1# show ip route
Codes: C - connected, S - static, R - RIP, M - mobile, B - BGP
       D - EIGRP, EX - EIGRP external, O - OSPF, IA - OSPF inter area
       N1 - OSPF NSSA external type 1, N2 - OSPF NSSA external type 2
       E1 - OSPF external type 1, E2 - OSPF external type 2
       i - IS-IS, su - IS-IS summary, L1 - IS-IS level-1, L2 - IS-IS level-2
       ia - -IS inter area, * - candidate default, U - per-user static route
       o - ODR, P - periodic downloaded static route

Gateway of last resort is not set
```

```
                172.16.1.0/24 is subnetted, 1 subnets
C               172.16.1.0 is directly connected, FastEthernet0/0
                172.16.2.0/24 is subnetted, 1 subnets
C               172.16.2.0 is directly connected, FastEthernet0/1
```

在路由器 R2 的特权模式下,输入 "show ip route" 命令查看 R2 路由表信息。

```
R2# show ip route
Codes: C - connected, S - static, R - RIP, M - mobile, B - BGP
       D - EIGRP, EX - EIGRP external, O - OSPF, IA - OSPF inter area
       N1 - OSPF NSSA external type 1, N2 - OSPF NSSA external type 2
       E1 - OSPF external type 1, E2 - OSPF external type 2
       i - IS-IS, su - IS-IS summary, L1 - IS-IS level-1, L2 - IS-IS level-2
       ia - -IS inter area, * - candidate default, U - per-user static route
       o - ODR, P - periodic downloaded static route

Gateway of last resort is not set

                172.16.2.0/24 is subnetted, 1 subnets
C               172.16.2.0 is directly connected, FastEthernet0/0
                172.16.3.0/24 is subnetted, 1 subnets
C               172.16.3.0 is directly connected, FastEthernet0/1
```

通过查看路由器 R1 和 R2 的路由表信息,可以看到,路由器 R1 和 R2 的直连路由信息都已经出现在路由表中。

二、静态路由的配置

在路由器 R1 的全局配置模式下输入以下代码,配置静态路由。

```
R1(config)# ip route 172.16.3.0 255.255.255.0 172.16.2.2
```

在路由器 R2 的全局配置模式下输入以下代码,配置静态路由。

```
R2(config)# ip route 172.16.1.0 255.255.255.0 172.16.2.1
```

在路由器 R1 的特权模式下,输入 "show ip route" 命令查看 R1 路由表信息。

```
R1# show ip route
Codes: C - connected, S - static, R - RIP, M - mobile, B - BGP
       D - EIGRP, EX - EIGRP external, O - OSPF, IA - OSPF inter area
       N1 - OSPF NSSA external type 1, N2 - OSPF NSSA external type 2
       E1 - OSPF external type 1, E2 - OSPF external type 2
       i - IS-IS, su - IS-IS summary, L1 - IS-IS level-1, L2 - IS-IS level-2
       ia - -IS inter area, * - candidate default, U - per-user static route
       o - ODR, P - periodic downloaded static route

Gateway of last resort is not set

        172.16.1.0/24 is subnetted, 1 subnets
```

```
C          172.16.1.0 is directly connected, FastEthernet0/0
           172.16.2.0/24 is subnetted, 1 subnets
C          172.16.2.0 is directly connected, FastEthernet0/1
           172.16.3.0/24 is subnetted, 1 subnets
S          172.16.3.0 [1/0] via 172.16.2.2
```

在路由器 R2 的特权模式下,输入"show ip route"命令查看 R2 路由表信息。

```
R2# show ip route
Codes: C - connected, S - static, R - RIP, M - mobile, B - BGP
       D - EIGRP, EX - EIGRP external, O - OSPF, IA - OSPF inter area
       N1 - OSPF NSSA external type 1, N2 - OSPF NSSA external type 2
       E1 - OSPF external type 1, E2 - OSPF external type 2
       i - IS-IS, su - IS-IS summary, L1 - IS-IS level-1, L2 - IS-IS level-2
       ia - -IS inter area, * - candidate default, U - per-user static route
       o - ODR, P - periodic downloaded static route

Gateway of last resort is not set

           172.16.2.0/24 is subnetted, 1 subnets
C          172.16.2.0 is directly connected, FastEthernet0/0
           172.16.3.0/24 is subnetted, 1 subnets
C          172.16.3.0 is directly connected, FastEthernet0/1
           172.16.1.0/24 is subnetted, 1 subnets
S          172.16.1.0 [1/0] via 172.16.2.1
```

通过查看路由器 R1 和 R2 的路由表信息可以知道,静态路由在路由表中是路由来源为 S 的路由条目,两台路由器中都已包含了拓扑结构中任意网段的路由条目。

三、计算机 IP 地址的配置

如图 8-5 和图 8-6 所示,分别为给两个网段的计算机配置 IP 地址、子网掩码、默认网关等网络参数(PC1 为考试机,Server 为考试服务器)。

图 8-5 PC1 IP 地址配置

图 8-6 Server IP 地址配置

四、网络连通性测试

在计算机 PC1 的命令行界面输入"ping 172.16.3.1"命令检验连通性,如图 8-7 所示。

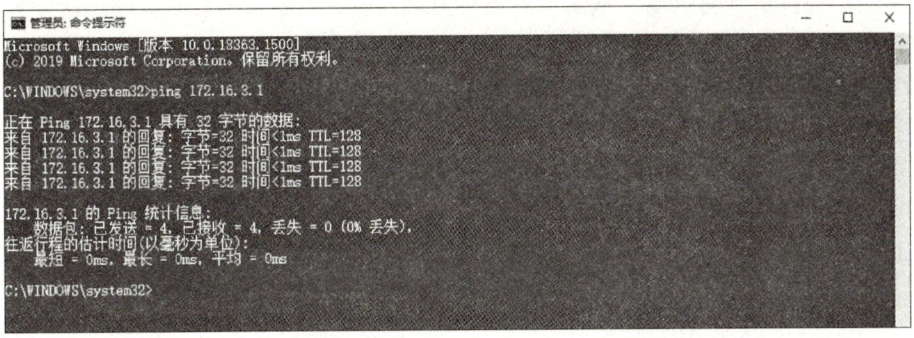

图 8-7　从计算机 PC1　ping 计算机 Server

在计算机 Server 的命令行界面输入"ping 172.16.1.1"命令检验连通性,如图 8-8 所示。

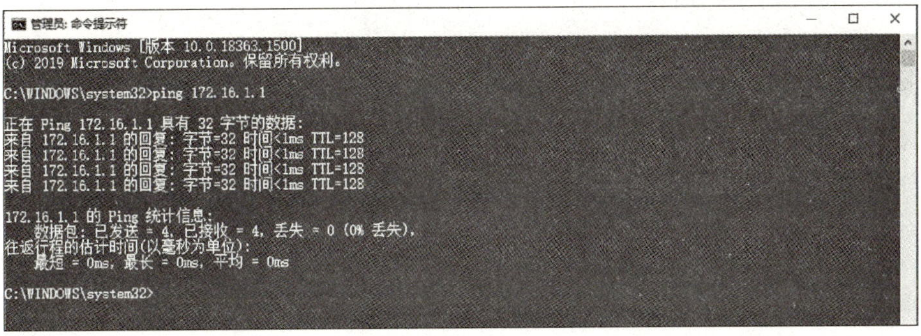

图 8-8　从计算机 Server ping 计算机 PC1

用 ping 命令测试网络连通性,可以发现通过配置静态路由实现了全网互通。

五、网络故障分析

1. 常用的故障排错方法

在实际的网络工程项目中,会遇到很多网络故障的问题,如网络设备之间线缆的连接问题、IP 地址配置的问题或设备配置的问题等。排查网络故障需要有清晰的解决思路,常用的网络故障排错方法有分层检查和分段定位。

(1) 分层检查

分层检查即先检查物理链路、设备是否正常,再检查网络设备的相关属性或配置是否正确。

① 网络设备及物理链路的检查包括:查看设备状态灯,包括电源指示灯、状态灯、报警灯;感知设备的温度,检查设备是否温度过高;检查链路指示灯,更换端口以及拔插链路,但光纤链路不建议多次拔插,多模光纤可以通过肉眼看到可见光。

② 检查 IP 地址及网络设备的配置,常用测试命令有以下几个:

- ping:连通性测试。
- tracert:路径追踪。
- show interfacef0/0:查看接口状态。
- show ip route:查看路由表信息。

(2) 分段定位

分段定位包括从用户端 PC 到接入交换机，从接入交换机到汇聚层交换机，从汇聚层交换机到核心交换机，从核心交换机到防火墙，从防火墙到路由器，从路由器到出口网关等。这种方式比较适用于大型网络的故障排查。

2. 排查故障举例

假设本项目中出现网络故障，经网络管理员测试发现路由器 R1 和 R2 之间无法 ping 通，这里分别列举常见的物理链路故障和设备配置故障的原因及解决方法。

(1) 排除物理链路故障原因

在 R1 上通过 ping 命令测试两台路由器的连通性，输入以下代码：

```
R1# ping 172.16.1.2
Type escape sequence to abort
Sending 5, 100-byte ICMP Echos to 172.16.1.2 timeout is 2 seconds:
……
Successrateis0percent(0/5)
```

从路由器或交换机等网络设备执行 ping 命令将会为发送的每个 ICMP 回应生成一个指示符，常见的指示符有如下几种：

- !：表示收到一个 ICMP 应答。
- .：表示等待答复超时。
- U：表示收到了一个 ICMP 无法到达的报文。

通过查看路由器 R1 ping 路由器 R2 返回的结果是"……"表示请求超时，R1 与 R2 不能通信。

分别在路由器 R1 和 R2 上通过 "sh int Fa1/0" 命令直看接口状态，输入以下代码：

```
R1#sh int Fa1/0
FastEthernet0/0 is administratively down,line protocol is down
Hardware is Fast Ethernet address is cc00.06c8.f007(bia cc00.06c8.f007)
MTU 1500 bytes,BW 100000 Kbit, DLY 100 usec,
Reliability 255/255,txload 1/255,rxload 1/255
```

命令执行结果第一行显示的接口状态有两个：第一个为物理层接口状态，第二个为数据链路层状状态。常见的有三种情况：

- up up：表示接口状态正常。
- down dwon：表示物理层和数据链路层都不正常，无法建立通信。一般是接口接触不良或线缆短路造成的。
- Administratively down down：这种状态常是忘记激活接口造成的。

查看 R1 的 Fa0/0 接口，第一个是 administratively down 状态，第二个也是 down 状态，说明 Fa0/0 接口忘记打开或被人为关闭了，解决方法是进入路由器 Fa0/0 接口，使用 "no shutdown" 命令将此接口激活。

```
R1(config)# int  Fa1/0
R1(config-if)#no shutdown
```

再次查看接口状态。

```
R1#sh int Fa0/0
FastEthernet0/0 is up,line protocol isup
Hardware is Fast Ethernet address is cc00.06c8.f007(bia cc00.06c8.f007)
MTU 1500 bytes,BW 100000 Kbit, DLY 100 usec,
Reliability 255/255,txload 1/255,rxload 1/255
```

R2 上通过 "sh int Fa0/0" 命令直看接口状态,输入以下代码:

```
R2#sh int Fa0/0
FastEthernet0/0 is down,line protocol is down
Hardware is Fast Ethernet address is cc00.06c8.f007(bia cc00.06c8.f007)
MTU 1500 bytes,BW 100000 Kbit, DLY 100 usec,
Reliability 255/255,txload 1/255,rxload 1/255
```

R2 的 Fa0/0 接口,第一个是 down 状态,第二个也是 down 状态,说明 Fa0/0 接口或物理线路有问题。解决方法是检查链路接头,重新插好。再次查看接口状态。R2 的 Fa0/0 接口变为 up 状态,说明 F0/0 接口状态正常。

再次使用 ping 命令测试路由器 R1 和 R2 的连通性,结果显示能够 ping 通。

```
R1# ping 172.16.1.2
Type escape sequence to abort
Sending 5, 100-byte ICMP Echos to 172.16.1.2 timeout is 2 seconds:
!!!!!
SuccessrateisOpercent(5/5)
```

(2) 排除网络设备配置故障

通过 ping 的令测试两台路由器的连通性,输入以下代码:

```
R1# ping 172.16. 2.2
Type escape sequence to abort.
Sending 5,100-byte ICMP Echos to 192.168.1.2,timeout is 2 seconds:
……
Success rate is 0 percent(0/5)
```

分别查看 R1 和 R2 的接口 IP 地址,发现 R2 的 Fa0/0 接口的 IP 地址配置错误,输入以下代码:

```
R1# sh ip int brief
   Interface        IP-Address      OK?  Method   status    protocol
   FastEthernet0/0  172.168.1.254   YES  manual     up        up
   FastEthernet1/0  172.168.2.1     YES  manual     up        up
R2# sh ip int brief
   Interface        IP-Address      OK?  Method   status    protocol
   FastEthernet0/0  172.168.1.2     YES  manual     up        up
   FastEthernet1/0  172.16:3.254    YES  manual     up        up
```

R2 的 Fa0/0 接口的地址 172.16.1.2/24 和 R1 的 Fa1/0 接口的地址 192.168.2.1/24 不在同一网段,所以无法 ping 通修改接口 IP 地址,命令如下:

```
R2(config)#int Fa0/0
```

```
R2(config-if)#ip add 172.16.2.2  255.255.255.0
R2(config-if)#no shut
```

再次通过 ping 命令测试两台路由器的连通性。

能力拓展

① 网络拓扑结构如图 8-9 所示，要求完成如下配置，实现全网互通。
- 完成路由器接口及三台 PC IP 地址的配置。
- 完成路由器 R1 和 R3 默认路由的配置。
- 测试网络连通性。

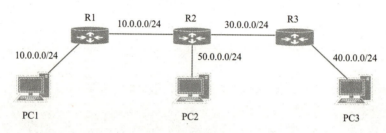

图 8-9　拓扑结构

② 网络拓扑结构如图 8-10 所示，三台路由器两两互连，R2 和 R3 上都配置了 Lookback 地址 172.16.2.1/24，模拟 172.16.2.0 网段，R3 上配置了 172.16.1.1/24 和 172.16.3.1/24，分别用来模拟 172.16.1.0/24 和 172.16.3.0/24 网段。要求配置静态路由实现当 172.16.2.0/24 访问 172.16.3.0/24 时，数据从 R2 到 R3；而当 172.16.2.0/24 访问 172.16.1.0/24 时，数据从 R2 经过 R1 再到 R3。返回的路由都是从 R3 到 R2。

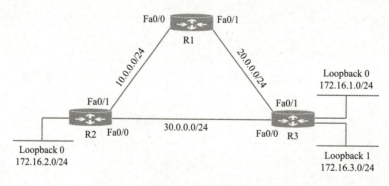

图 8-10　拓扑结构

认证习题

选择题

1.（单选）路由器完成 OSI 参考模型那一层的功能？（　　）。
　　A．物理层　　　　　B．数据链路层　　　　C．网络层　　　　D．传输层

2. （多选）下列哪两项对于路由器转发数据包是正确的？（　　）。
   A. 如果数据包是去往非直连网络的，那么路由器会向所有到这个网络的下一跳接口发送该数据包
   B. 如果数据包是去往非直连网络的，那么路由器会根据路由主机表来发送该数据包
   C. 如果数据包是去往非直连网络的，那么路由器会向路由表中所指示的下一跳IP发送
   D. 如果数据包是去往直连网络的，那么路由器会根据目的MAC地址转发该数据包
3. （单选）路由器实现路由与寻址的关键技术是每一个路由器都（　　）。
   A. 保持高速交换　　　　　　　　　　B. 维护一张路由表
   C. 进行协议转换　　　　　　　　　　D. 维护一张MAC地址表
4. （单选）一个企业内部网络要连接互联网，应选用（　　）。
   A. 转发器　　　B. 路由器　　　C. 交换机　　　D. 防火墙
5. （单选）路由表不包含（　　）信息。
   A. 路由类型　　　　　　　　　　　　B. 下一跳接口地址
   C. 目标网段地址　　　　　　　　　　D. 本地接口的MAC地址
6. （单选）下面哪条命令可以查看路由表？（　　）
   A. show ip interface brief　　　　　　B. Show run
   C. Show version　　　　　　　　　　D. Show ip route
7. （单选）路由器依据（　　）转发数据包。
   A. 路由表　　　　　　　　　　　　　B. MAC地址表
   C. 访问控制列表　　　　　　　　　　D. ARP缓存表
8. （单选）路由表中表示静态路由的条目的符号是（　　）。
   A. C　　　B. S　　　C. S*　　　D. L
9. （单选）路由表中表示默认路由的条目的符号是（　　）。
   A. C　　　B. S　　　C. S*　　　D. *S
10. （单选）执行静态路由命令，需要在路由器的（　　）下。
    A. 用户模式　　　B. 特权模式　　　C. 全局配置模式　　　D. 接口模式
11. （多选）以下哪些路由需由网络管理员手动配置？（　　）
    A. 直连路由　　　B. 静态路由　　　C. 默认路由　　　D. 动态路由
12. （单选）一台Cisco路由器E0、E1接口的IP地址分别为10.0.0.0/24和20.0.0.0/24，若源IP为20.0.0.1/24的数据包需要转发至10.0.0.0/24网段，在经过路由器重新封装后，其源地址会变为（　　）。
    A. 源IP地址为20.0.0.1，源MAC地址为E0口的MAC地址
    B. 源IP地址为20.0.00.1，源MAC地址为E1口的MAC地址
    C. 源IP地址为10.0.0.1，源MAC地址为E0口的MAC地址
    D. 源IP地址为10.0.0.1，源MAC地址为E1口的MAC地址
13. （单选）路由表中，0.0.0.0代表的是（　　）。
    A. 静态路由　　　B. 默认路由　　　C. RIP　　　D. 直连路由
14. （单选）以下属于路由表产生的方式是（　　）。
    A. 通过运行动态路由协议自主学习产生　　　B. 通过路由器的直连网段自动生成
    C. 通过手动配置产生　　　　　　　　　　　D. 以上都是

15. （单选）路由器转发数据包时，依靠数据包中（　　）寻找下一跳地址。
    A．TCP 头部的目的地址　　　　　　B．UDP 头中的目的地址
    C．IP 头中的目的 IP 地址　　　　　D．数据帧中的目的 MAC 地址

16. （单选）路由器要根据报文分组的（　　）转发分组。
    A．端口号　　　　B．MAC 地址　　　　C．IP 地址　　　　D．域名

17. （单选）在计算机网络中，能将异种网络互联起来实现不同网络协议相互转换的网络互连的设备是（　　）。
    A．交换机　　　　B．网桥　　　　C．路由器　　　　D．网关

18. （单选）能够确定分组从源端到目的端的"路由选择"，属于 OSI/RM 参考模型中（　　）层的功能。
    A．物理层　　　　B．数据链路层　　　　C．网络层　　　　D．传输层

任务测评

任务 8　实施网络工程项目（100分）			学号： 姓名：		
序号	评分内容	评分要点说明	小项加分	得分	备注
一、配置路由器（80分）					
1	分析网络拓扑（10分）	正确分析网络中哪些网段可以配置静态路由，哪些网段可以配置默认路由，加10分			
2	路由器基本配置（10分）	设置路由器各接口 IP 地址，激活接口，加10分			
3	主机配置网络参数（5分）	设置主机 IP 地址、子网掩码、默认网关等网络参数，加5分			
4	下一跳地址（10分）	正确分析配置静态路由的下一跳地址，加10分			
5	配置静态路由（10分）	正确配置静态路由，加10分			
6	配置默认路由（10分）	正确配置默认路由，加10分			
7	查看路由表（10分）	正确查看路由表，分析网络连通情况，加10分			
8	测试网络连通性（10分）	使用 ping 命令测试网络连通性，加10分			
二、网络故障排查（20分）					
9	排查故障原因（10分）	排查网络故障原因，查清是物理层链路连接问题还是设备配置问题，加10分			
10	解决网络故障（10分）	根据故障原因解决网络故障，能正确使用测试命令，加10分			

任务9　验收项目

任务描述

项目实施完成以后，需要进行联调测试，撰写测试报告，提交验收申请。网络工程项目验收文档类分为管理类和技术类，本次任务主要是完成技术类文档的撰写。

任务解析

通过本次任务，使学生明确作为一名网络工程师在提交验收申请前需要完成的工作，即根据项目实施方案，进行设备联调测试，填写测试报告、IP 地址规划表、设备信息表，确认报告。

知识链接

一、设备联调测试

最基本的联调测试是连通性测试和远程登录测试。连通性测试主要包括 ping 命令和 tracert 命令，设备远程管理主要包括 telnet 命令。

1.ICMP 协议

作为网络管理员，必须要知道网络设备之间的连接状况，因此就需要有一种机制来侦测或通知网络设备之间可能发生的各种各样的情况，这就是 ICMP 协议的作用。Internet 控制消息协议（Internet Control Message Protocol，ICMP），主要用于在 IP 网络中发送控制消息，提供在通信环境中可能发生的各种问题的反馈。通过这些反馈，网络管理员就可以对所发生的问题做出判断，然后采取适当的措施去解决问题。

1）ICMP 的主要功能介绍

ICMP 采取"错误侦测与回馈机制"，通过 IP 数据包封装来发送错误和控制消息，其目的是使网络管理员能够掌握网络的连通状况。例如，图 9-1 所示，当路由器收到一个不能被送达最终目的地的数据包时，路由器会向源主机发送一个主机不可达的 ICMP 消息。

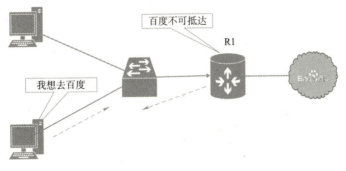

图 9-1　ICMP

2）ICMP 的基本使用

在网络中，ICMP 协议的使用是靠 ping 命令和 tracert 命令来实现的。

ping 命令的基本格式如下：

```
C:>ping [-t][-l字节数][-a][-i]IP_Address target_name
```

其中：
- [] 中的参数为可选参数。
- -t：在 Windows 操作系统中，默认情况下发送 4 个 ping 包，如果在 ping 命令后面输入参数"-t"，如图 9-2 所示，系统将会一直不停地 ping 下去。
- -a：在 Windows 操作系统上，在 ping 命令中输入"-a"参数，可以返回对方主机的主机名，如图 9-3 所示。

- -l：一般情况下，ping 包的大小为 32 字节，有时为了检测大数据包的通过情况，可使用参数改变 ping 包的大小，如图 9-4 所示，ping 包的大小为 10 000 字节。

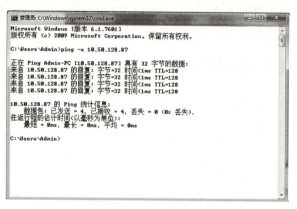

图 9-2　ping 命令的参数 "-t"　　　　　图 9-3　ping 命令的参数 "-a"

3）ping 命令的返回信息

在检查网络连通性时，ping 命令是用得最多的。当我们 ping 一台主机时，本地计算机发出的就是一个典型的 ICMP 数据包，用来测试两台主机是否能够顺利连通。ping 命令能够检测两台设备之间的双向连通性，即数据包能够到达对端，并能够返回。

（1）连通的应答

如图 9-5 所示，从返回的信息可知，从源主机向目标主机共发送了 4 个 32 字节的包，而目标主机回应了 4 个 32 字节的包，包没有丢失，源主

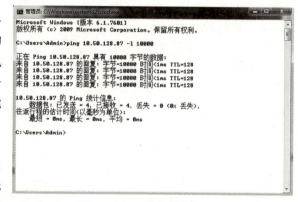

图 9-4　ping 命令的参数 "-l"

机和目标主机之间的连接正常。除此以外，可以根据"时间"来判断当前的联机速度，数值越低，速度越快；倒数第二行是一个总结，如果发现丢包很严重，则可能是线路不好造成的丢包，那就要检查线路或更换网线了；最后一行是"往返行程"时间的最小值、最大值、平均值，它们的单位都是毫秒（ms）。

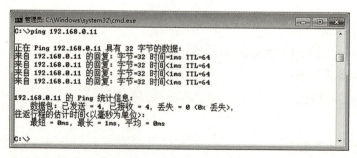

图 9-5　连通的应答

（2）不能建立连接的应答

如果两台主机之间不能建立连接，那么 ICMP 也会返回相应的信息。如图 9-6 所示，ICMP 返回

信息为"无法访问目标主机",说明两台主机之间无法建立连接,可能是没有正确配置网关等参数。由于找不到去往目标主机的"路",所以显示"无法访问目标主机"。

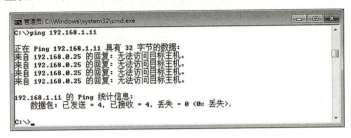

图 9-6　不能建立连接的应答

(3) 应答为未知主机名

由于网络中可能存在的问题很多,因此返回的 ICMP 信息也很多。如图 9-7 所示,ICMP 返回信息为"找不到主机",说明 DNS 无法进行解析。

图 9-7　应答为未知主机名

(4) 连接超时的应答

如图 9-8 所示,返回信息为"请求超时",说明在规定的时间内没有收到返回的应答消息。

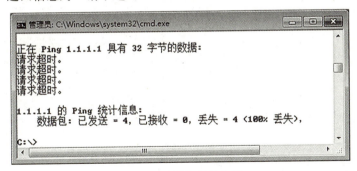

图 9-8　连接超时的应答

> **小贴士:**
>
> 如果目标计算机启用了防火墙的相关设置,即使网络正常也可能会返回"请求超时"信息。在路由器上也广泛使用 ICMP 协议来检查设备之间的连接及运行情况。ICMP 协议对于管理网络设备、监控网络状态等都有着非常重要的作用。

tracert 命令的基本格式如下：

```
C:>tracert [-d][-h][-w]IP_Address target_name
```

tracert 是路由跟踪程序，用于确定 IP 数据报访问目标所经过的路径。tracert 命令用 IP 生存时间（TTL）字段和 ICMP 错误消息来确定从一个主机到网络上其他主机的路由。在工作环境中有多条链路出口时，可以通过该命令查询数据是经过的哪一条链路出口。

tracert 一般用来检测故障的位置，我们可以使用 tracert IP 命令确定数据包在网络上的停止位置，来判断在哪个环节上出了问题，虽然还是没有确定是什么问题，但它已经告诉了我们问题所在的地方，方便检测网络中存在的问题。

不带参数的 tracert 或带参数的 tracert 命令显示帮助信息，如图 9-9 所示。

通过向目标发送不同 IP 生存时间（TTL）值的 Internet 控制消息协议（ICMP）回应数据包，tracert 诊断程序确定到目标所采取的路由。要求路径上的每个路由器在转发数据包之前至少将数据包上的 TTL 递减 1。数据包上的 TTL 减为 0 时，路由器应该将"ICMP 已超时"的消息发回源系统。

tracert 先发送 TTL 为 1 的回应数据包，并在随后的每次发送过程将 TTL 递增 1，直到目标响应或 TTL 达到最大值，从而确定路由。通过检查中间路由器发回的"ICMP 已超时"的消息确定路由。某些路由器不经询问直接丢弃 TTL 过期的数据包，这在 tracert 实用程序中看不到。

tracert 命令按顺序打印出返回"ICMP 已超时"消息的路径中的近端路由器接口列表。如果使用 -d 选项，则 tracert 实用程序不在每个 IP 地址上查询 DNS。

不带选项的 tracert 命令将显示到达目标 IP 地址所经过的路径，并将 IP 地址解析为主机名一同显示。如图 9-10 所示，第一跳是网关地址。

图 9-9　tracert 命令显示帮助信息

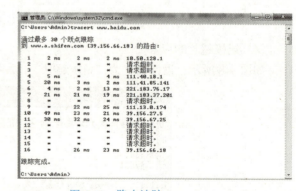

图 9-10　路由追踪 www.baidu.com

tracert 命令还有如"-j""-r""-s""-4""-6"等参数，用得较少，其用法都可以在命令行中输入命令"tracert"直接查到，这里就不再赘述了。

2. telnet

telnet 命令的基本格式如下：

```
telnet [-a][-e][-f][-l][-t][host [port]]
```

- -a：企图自动登录。除了用当前已登录的用户名以外，与 -l 选项相同。
- -e：跳过字符来进入 telnet 客户端提示。
- -f：客户端登录的文件名。

- -l：指定远程系统上登录用的用户名称，要求远程系统支持 TELNET ENVIRON 选项。
- -t：指定终端类型。支持的终端类型仅是 vt100，vt52，ansi 和 vtnt。
- host：指定要连接的远程计算机的主机名或 IP 地址。
- port：指定端口号或服务名。

Windows 10 操作系统需要安装 telnet 客户端，安装步骤如下：

①打开"控制面板"，如图 9-11 所示。

②选择"程序"，如图 9-12 所示。

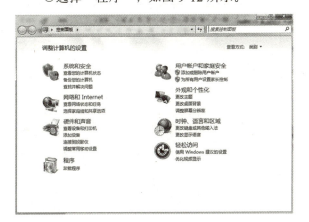 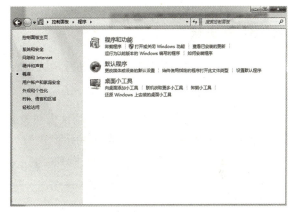

图 9-11　控制面板　　　　　　　　　　图 9-12　程序面板

③选择"打开或关闭 Windows 功能"，勾选"telnet 客户端"安装，如图 9-13 所示。

④在"cmd"中输入"telnet/?"命令，如图 9-14 所示。

图 9-13　打开或关闭 Windows 功能窗口　　　图 9-14　输入"telnet/?"命令

二、验收文档

项目验收所需提交的文档主要包括测试报告、设备信息表、核心设备 IP 规划表、网络 IP 地址规划表等。以核心设备 IP 规划表为例，如表 9-1 所示。

表 9-1　XXX 项目核心设备 IP 规划

本端设备	设备地点	本端端口	本端地址	对端设备	设备地点	端口	地址
S6810-A 互联地址							
S6810B	网络中心	Gi 7/21	10.0.100.33/30	S5750-24GT/12SFP	行政楼	Gi 0/1	10.0.100.34/30
S6810B	网络中心	Gi 7/20	10.0.100.37/30	S5750-24GT/12SFP	教学楼	Gi 0/1	10.0.100.38/30
S6810B	网络中心	Gi 7/24	10.0.100.41/30	S3760-12SFP/GT	机能楼	Gi 0/2	10.0.100.42/30

任务实施

本任务由学生组成项目团队，进行考试中心网络工程验收项目的实战演练，具体实施如下：

一、连通性测试

①分小组实施，每个小组设置测试人员及记录人员。根据网络拓扑结构实施连通性测试，将测试结果填写到测试报告中，如表 9-2 所示。

表 9-2　测试报告

测试地点			
测试时间	年　月　日　至　年　月　日		
测试内容			
编号	项目	子项目	结果
硬件情况			
	硬件	交换机/路由器	
网络设备远程管理			
	ping	VUE 考场 PC 与自身网关的连通性	
	tracert	VUE 考场 PC 与服务器路由追踪	
	telnet	网络设备远程管理	
测试验收			
测试项目总数			
测试项目通过数			
测试项目未通过数			

②完成测试报告以后依次填写设备信息表、核心设备 IP 规划表和网络 IP 地址规划表，如表 9-3～表 9-5 所示。

表 9-3　设备信息

类　型	型　号	名　称	管理地址	用　户　名	密　码

表 9-4　核心设备 IP 规划

设备名称	本端端口号	本段设备 IP	对端设备名称	对端设备 IP

表 9-5　网络 IP 地址规划

区域	位置	信息点数量	VLAN	用户 IP 地址段	默认网关	型号及数量	管理 IP

二、确认报告

签署设备调试确认函：

××设备调试服务完成确认函

尊敬的××客户：

我司承建的贵公司××项目，于××年××月××日开工，××年××月××日按照合同要求完成贵公司采购的××设备所涉及调试服务工作，并完成相应的网络设备转运维的移交工作。目前网络设备已稳定运行××日，具备××设备调试服务完成确认条件，特此提请××单位确认该调试服务完成情况。

××项目负责人：　　　　　　　　　　客户负责人：

完成日期：　　　　　　　　　　　　完成日期：

能力拓展

项目测试完成以后，甲方提出了新的需求，认为 telnet 明文的形式远程管理设备存在安全隐患，责令乙方提出整改方案。作为实施工程师你能给出哪些解决方案？

认证习题

单选题

1. 图 9-15 所示的网络中，如果主机 A 向主机 B 发出 ping 流量并收到了主机 B 的应答流量，以下陈述中正确的是（　　）。

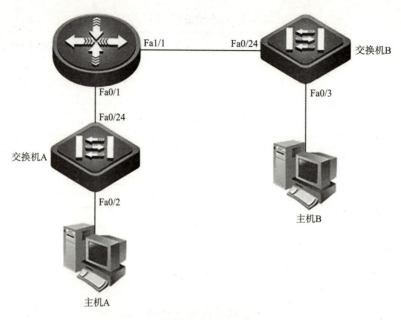

图 9-15　第 1 题图

A. 路由器的 Fa0/1 收到的 ping，源 IP 地址是主机 A 的 IP，目的 MAC 地址是主机 B 的 MAC
B. 路由器的 Fa1/1 转出的 ping，源 MAC 地址是主机 A 的 MAC，目的 IP 地址是主机 B 的 IP
C. 路由器的 Fa0/1 转出的应答，源 IP 地址是主机 B 的 IP，目的 MAC 地址是主机 A 的的 MAC
D. 路由器 Fa1/1 收到的应答，源 IP 地址是主机 B 的 IP，目的 MAC 地址是主机 A 的 MAC

2. PING 命令使用 ICMP 的哪一种 code 类型？（　　）

　　A. Redirect
　　B. Echo reply
　　C. Source quench
　　D. Destination Unreachable

3. Windows 中的 tracert 命令是利用什么协议实现的？（　　）

　　A. ARP　　　　　　B. ICMP　　　　　　C. IP　　　　　　D. RARP

4. 为了确定数据包所经过的路由器数目，可以在 Windows 中使用什么命令？（　　）

　　A. ping　　　　　　B. arp-a　　　　　　C. netstat-no
　　D. tracert　　　　　E. telnet

5. 以下对 telnet 的描述，正确的是（　　）。

　　A. 一个用于确定某个 IP 地址是否可达的工具，它会发出数据包到这个 IP 地址并等待回应
　　B. 一个利用路径上每个路由器返回的 ICMP 超时信息来工作的工具
　　C. 允许用户访问远程设备 CLI 的工具
　　D. 网络设备内置的一个应用，它可以向管理员报告错误信息

项目 4

考试中心网络项目拓展

项目导入

NET 公司负责 HZY 校园网运营维护,随着校园网络主机数量的增多,网络中大量的 ARP 广播请求报文带来的带宽浪费、安全等问题变得越来越突出。

为了解决校园网中广播请求和安全的问题,公司责成小王提出解决方案,小王根据当前网络运行状况提出划分子网,隔离广播,最有效的方法就是划分 VLAN。

学习目标

1. 能够根据 VLAN 技术原理设计校园网接入层网络。
2. 能够根据场景选择适当 VLAN 划分方式构建校园网络。
3. 能够使用 VLAN 配置命令实施校园网络接入层构建。
4. 能够理解单臂路由技术原理。
5. 能够使用单臂路由配置命令实施小型企业网络构建。
6. 应用 VTP 管理网络 VLAN 的配置。
7. 认真、敬业的工作精神和严谨的态度。

项目实施

任务 10　使用 VLAN 技术实现网络逻辑分割

任务描述

办公楼网络布局和实训楼相比,部门多、PC 数量少。本次任务以 HZY 学院办公楼中财务处、教务处为例。为避免办公网络中产生的广播干扰及网络安全,通过虚拟局域网(VLAN)技术按部门划分出了不同的部门网络,一个部门对应一个 VLAN,能够有效地隔离部门间的广播冲突,限制部门间访问,增加网络安全性。图 10-1 所示为 VLAN 逻辑图。

图 10-1　VLAN 逻辑图

任务解析

传统校园网三层网络拓扑结构模型中，VLAN 的应用主要分为业务 VLAN 和互联 VLAN。

本次任务是业务 VLAN 的构建过程，通过对 VLAN 技术应用的分析，掌握 VLAN 的分类和工作原理，选择适当的 VLAN 划分方式。

知识链接

● 视 频

VLAN概述

虚拟局域网（Virtual Local Area Network，VLAN）技术的出现，使得网络管理员根据实际应用需求，把同一物理局域网内的不同用户逻辑地划分成不同的广播域，每一个 VLAN 都包含一组有着相同需求的计算机工作站，与物理上形成的 LAN 有着相同的属性。由于它是从逻辑上划分，而不是从物理上划分，所以同一个 VLAN 内的各个工作站没有限制在同一个物理范围中，即这些工作站可以在不同物理 LAN 网段。由 VLAN 的特点可知，一个 VLAN 内部的广播和单播流量都不会转发到其他 VLAN 中，从而有助于控制流量、减少设备投资、简化网络管理、提高网络的安全性。

一、划分 VLAN 方法

划分 VLAN 的方法有很多种，常见的有以下几种：基于端口划分 VLAN、基于 MAC 地址划分 VLAN、基于网络层划分 VLAN、基于 IP 组播划分 VLAN。

不同的 VLAN 划分方法适用于不同的场合，不同的 VLAN 配置方案都有各自的优缺点，基于端口配置方案应用范围最为普遍。

1. 基于端口划分 VLAN

根据交换机的接口来划分 VLAN，实际就是交换机上某些接口的集合。只需要配置交换机接口而不用关心接口连接什么设备。这种方法是目前定义 VLAN 的最广泛的方法，这种方法只要将接口定义一次。它的缺点是，如果某个 VLAN 中的用户离开原来的接口，移到一个新的接口时必须重新定义，如图 10-2 所示。

图 10-2 基于端口划分 VLAN 图例

（1）创建 VLAN

在全局配置模式下，使用"VLAN"命令进入 VLAN 配置模式，创建或者修改一个 VLAN：

```
Switch(config)#vlan 10
Switch(config-vlan)#name CWC
```

或者在特权模式下，使用"VLAN"数据库命令创建 VLAN 或者修改一个 VLAN：

```
Switch#vlan database
Switch(vlan)#vlan 10
```

```
Switch(vlan)#name CWC
```

上述命令中，VLAN_ID 的数字取值范围是 1~4094，其中，VLAN1 是系统默认的 VLAN，不能被删除。

"name"命令可以为 VLAN 取一个指定的名称，如果没有配置名称，则交换机自动为该 VLAN 起一个默认的名字，格式为"VLAN××××"，"VLAN0010"是 VLAN10 的默认名字，如果想把 VLAN 名字改回默认，输入"no name"命令即可。

（2）分配接口给 VLAN

在特权模式下，利用命令"interface interface-id"，可将一个接口分配给一个 VLAN。

将交换机的 Fa0/1 端口指定到 VLAN 10 的命令如下：

```
Switch#configure terminal
Switch(config)# interface fastEthernet 0/1    //打开交换机的端口1
Switch(config-if)# switchport access vlan 10  //把该接口分配到 VLAN 10 中
Switch(config-if)# no shutdown
Switch(config-if)# end
```

如果有大量端口要加入同一个 VLAN，可以使用"interface range port-range"命令批量设置端口。

```
Switch(config)#interface range faatEthernet 0/2-8,0/10 //打开交换机接口 2~8,以及 10
Switch(config-if)# switchportaccess vlan 10              //把该接口分配到VLAN10中
Switch(config-if)#no shutdown
```

上述命令行中，"range"表示端口范围，连续端口用由"-"连接起止编号，单个、不连续的端口，使用","隔开。可以使用该命令同时配置多个端口，配置属性和配置单个端口时相同。

当进入"interface range"配置模式时，此时设置将应用于所选范围内的所有端口。注意：同一条命令中所有端口范围中的端口，必须属于相同类型。

（3）查看 VLAN 信息

查看交换机 VLAN1 信息内容的命令行如下：

```
Switch #show vlan         //查看VLAN配置信息
……
```

如果需要保存 VLAN 配置，可以用"write"命令或"copy"命令。

也可以使用如下命令查看端口信息，来检查配置是否正确：

```
Switch#show interfaces fastEthernet 0/1 switchport
……
```

（4）删除 VLAN 信息

在特权模式下，使用"no vlan vlan-id"命令，可删除配置好的 VLAN。

```
Switch#configure terminal
Switch(config)#no vlan 10 //删除 VLAN 10
```

所有交换机默认都有一个 VLAN1，VLAN1 是交换机管理中心。在默认情况下，交换机所有的端口都属于 VLAN1 管理，VLAN1 不可以被删除。

在一台交换机上添加 VLAN10、VLAN20、VLAN30 这 3 个 VLAN，并 VLAN10、VLAN20 分

别命名为 CWC、JWC，其命令行如下：

```
Switch#configure terminal
Switch(config)#vlan 10
Switch(config-vlan)#name CWC
Switch(config-vlan)#vlan 20
Switch(config-vlan)#name JWC
Switch(config-vlan) #exit
Switch(config)#vlan 30
Switch(config-vlan) #exit
Switch#show vlan 10
... ...
Switch#show vlan 20
... ...
switch#show vlan 30
... ...
Switch#show vlan
```

将端口 1～10 和端口 15～20 增加到刚建立的 VLAN10 和 VLAN20 中，命令行如下：

```
Switch#configureterminal
Switch(config)#interface fastEthernet 0/1
Switch(config-if)#switchport access vlan 10
Switch(config-if)#exit
Switch(config)#interface range fastEthernet 0/2-10
Switch(config-if-range)#switchport access vlan 10
Switch(config-if-range)#exit
Switch(config)#interface range fastEthernet 0/15-20
Switch(config-if-range)#switchport access vlan 20
Switch(config-if-range)#exit
Switch#show vlan 10
Switch#show vlan 20
Switch#show vlan 30
... ...
Switch#show vlan
```

下面命令行演示了在刚才的例子中删除 VLAN20 的过程：

```
Switch#configure terminal
Switch(config)#no vlan 20
Switch(config)#exit
```

2. 基于 MAC 地址划分 VLAN

根据每台主机 MAC 地址来划分，即每个 MAC 地址配置属于一个 VLAN。

优点：当用户物理位置移动时，即从一台交换机切换到其他交换机时，VLAN 不用重新配置。

缺点：当设备初始化时，所有主机 MAC 地址需要记录，然后划分 VLAN，终端数量过多则工作量巨大，导致交换机执行效率降低，因为在一个交换机接口可能存在多个 VLAN 组成员，这样就无法限制 ARP 广播请求。

3. 基于网络层划分 VLAN

根据每台主机的网络地址或协议类型进行划分。

优点：不需要附加帧标识来识别 VLAN，这样一定程度可以减少网络通信量。

缺点：效率低，因为交换机检查每一个数据包网络地址相对费时，一般交换机芯片都可以自动检查网络上的以太网帧头，检查 IP 包头则要求设备具有更高的性能。

4. 基于 IP 组播划分 VLAN

这种划分方法认为一个组播组就是一个 VLAN，把 VLAN 配置延伸到广域网，具有更大灵活性。但基于 IP 协议需要通过三层路由进行扩展，和直接使用三层设备子网技术相比，烦琐且效率不高。

二、VLAN 干道技术

交换机上的二层端口称为 Switch Port，由单个物理端口构成，具有二层交换功能。该接口类型是 Access 端口（UnTagged 接口），即接入端口，用来接入计算机设备。但不是所有的交换机端口都用来连接计算机，根据端口应用功能的不同，交换机支持的以太网端口常用的链路类型有 2 种。

1.Access 端口

Access 端口只属于 1 个 VLAN，用于交换机与终端计算机之间的连接。

默认情况下，Access 端口用来接入终端设备，如 PC、服务器等。交换机的所有端口默认都是 Access 端口，Access 端口只属于一个 VLAN。Trunk 端口在收到数据帧时，会判断是否携带有 VLAN ID 号，如果没有，则打上 VLAN ID 号，再进行交换转发，接收端的 Trunk 端口在收到数据帧时，先将数据帧中的 VLAN ID 号剥离，再发送出去。

如图 10-3 所示，由于交换机的 Fa0/1 端口属于 VLAN10，所以所有属于 VLAN10 的数据帧会被交换机中的 ASIC 芯片转发到 Fa0/1 端口上。由于交换机的 Fa0/1 端口属于 Access 端口类，所以当发往 VLAN10 的数据帧通过这个端口时，可以转发给 VLAN10 中的所有计算机，但其他 VLAN 不能收到这个广播。

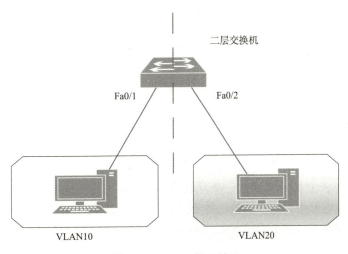

图 10-3　Access 接入端口

2.Trunk 端口

Trunk 端口属于多个 VLAN，可以接收和发送来自多个 VLAN 的报文，用于交换机与交换机之间的连接。

遇到如图 10-4 所示的场景应该如何处理呢？

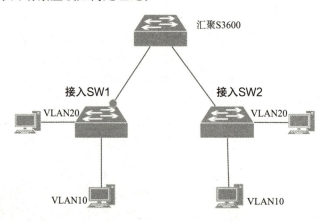

图 10-4　up-link 端口示例

> **小贴士：**
> 该上连接口为 VLAN 10、VLAN 20 内的 PC 发出的 ARP 报文的必经之路，但一个接口只能属于一个 VLAN，无法实现同时传输两个 VLAN 内的数据，可是在实际中这样的场景肯定是存在的，那如何来解决这个问题呢？

可能存在的解决方案，如图 10-5 所示。

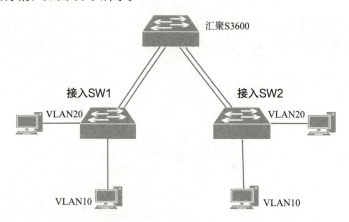

图 10-5　可能存在的解决办法

在交换机之间为每一个 VLAN 增加一条互联线路，这样实现不同的 VLAN 从不同的线路上进行传输互不干扰，但是在实际中，这样的做法并不可取。因为实际项目中接入交换机上可能会存在很多 VLAN，不可能在接入交换机和汇聚交换机之间为每一个 VLAN 增加一条互联链路，这样做的成本较高，而且扩展性较差。

最佳解决方案是在一条线路上可以同时传输多个 VLAN 数据。如何实现在一条线路上可以同时传输多个 VLAN 数据？将交换机互连的端口配置为 Trunk 接口。

Trunk 端口可实现分布在多台交换机中的同一个 VLAN 内成员的相互通信，如图 10-6 所示。

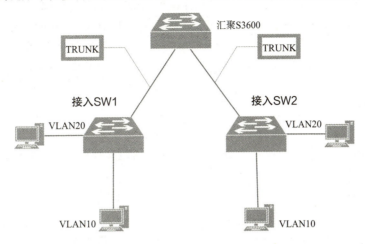

图 10-6　最佳解决方案

Access 端口只属于一个 VLAN，而 Trunk 端口则属于多个 VLAN，通常用来连接主干交换机之间的端口，Trunk 端口将传输所有 VLAN 中的帧。为了减轻网络中的设备负荷，减少带宽的浪费，可通过设置 VLAN 许可列表，限制 Trunk 端口只传输指定的 VLAN 帧。

配置交换机 Trunk 端口。交换机上的端口默认工作在第二层，一个二层端口的默认模式是 Access 端口。

一个 Trunk 端口默认支持所有 VLAN（1～4 094）流量，但也可以在 Trunk 端口 VLAN 修剪，设置只允许部分 VLAN 通过列表，限制某些 VLAN 流量不能通过 Trunk 端口，提高带宽和安全。

在特权模式下，利用如下步骤，配置一个 Trunk 端口许可 VLAN 列表：

```
Switch#configure terminal  //进入全局配置模式
Switch(config)# Interface interface-id  //打开端口编号
Switch(config-if)#switchport mode trunk
   //(可选)，定义端口为Trunk端口，如果该端口已是Trunk端口，则该步骤省略
Switch(config-if)#switchport trunk allowed vlan (all | [add I removeexcept] ) vlan-list
   //配置Trunk端口许可VLAN列表
```

其中，参数 VLAN-list 是一个 VLAN 的 ID，也可以是一系列 VLAN 的 ID，以较小 VLAN ID 开头，以较大 VLAN ID 结尾，中间用 "-" 连接，其他参数的含义如下：

- all：许可 VLAN 列表，包含所有支持的 VLAN。
- add：将指定 VLAN 列表加入许可 VLAN 列表。
- remove：将指定 VLAN 列表从许可 VLAN 列表中删除。
- except：将除列出的 VLAN 列表外的所有 VLAN 加入到许可 VLAN 列表中。

注意：不能将 VLAN1 从许可 VLAN 列表中移出。

> **小贴士：**
>
> Trunk 链路的两端端口要保持一致，否则会造成 Trunk 链路不能通信。
>
> 如把一个 Trunk 端口复位成默认值，可使用"no switchport mode trunk"命令。
>
> Switch(config-if)#no switchport mode trunk　　// 还原端口类型为 Access 端口或者
>
> Switch(config-if)#switchport mode access　　// 定义端口类型为 Access 端口

三、干道协议 802.1Q

由于同一个 VLAN 的成员可能会跨越多台交换机进行连接，而多个不同 VLAN 的数据帧，都需要通过连接交换机上的同一条链路进行传输，这样就要求跨越交换机的数据帧，必须封装上一个特殊标签，以声明它属于哪一个 VLAN，方便转发传输。

为了让同一部门的 VLAN 能够分布在多台交换机上，实现同一 VLAN 中的成员之间相互通信，就需要采用干道端口技术将两台交换机连接起来。

干道协议——IEEE 802.1Q，为标识带有 VLAN 成员信息的帧建立了一种标准，是解决 Trunk 干道端口实现多个 VLAN 通信的方法。干道 IEEE 802.1Q 协议完成以上功能的关键在于在帧中添加标签（Tag）。通过在交换机上配置指定端口为 Trunk 端口，为每一个通过该端口上的数据帧增加和拆除 VLAN 的标签信息。

IEEE 802.1Q 定义了关于支持 VLAN 特性的交换机的标准规范。交换机在识别一个帧是属于哪个 VLAN 的时候，可以根据这个帧是从哪个端口进入的来进行判断，通常，交换机识别出某个帧是属于哪个 VLAN 后，会在这个帧的特定位置上添加上一个标签（Tag），这个 Tag 明确地表明了这个帧是属于哪个 VLAN 的。这样一来，别的交换机收到这个带 Tag 的帧后，就能轻而易举地直接根据 Tag 信息识别出这个帧是属于哪个 VLAN 的。IEEE 802.1Q 定义了这种带 Tag 的帧的格式，满足这种格式的帧称为 IEEE 802.1Q 帧。

传统的以太网帧格式和 IEEE 802.1Q 帧格式如图 10-7 所示。

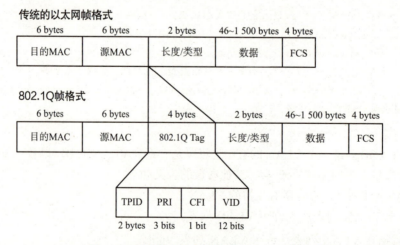

图 10-7　传统的以太网帧格式和 802.1Q 帧格式

IEEE 802.1Q 帧头中的信息解释如下：

- TPID：标签协议标识字段，值固定为 0x8100，说明该帧是 IEEE 802.1Q 帧。

- PRI（User Priority）：3 位，指明帧优先级。决定交换机拥塞时，优先发送哪个数据帧。
- CFI:1 位，用于总线以太网与 FDDI、令牌环网帧格式。在以太网中，CFI 总被设置为 0。
- VID（VLAN ID）：12 位，指明 VLAN 的 ID 编号，支持 IEEE 802.1Q 协议的交换机干道端口发送帧时包含这个域，指明属于哪一个 VLAN。该字段为 12 位，理论上支持 4 096 个 VLAN。除去预留值，最大值为 4 094。

> **小贴士：**
> 有没有一种特殊的 VLAN 不带有 IEEE 802.1Q 标记？Native VLAN 属性用于在 Trunk 链路中传输不带标签的数据帧（"特立独行"本身也是一种"标记"）。每台交换机上默认只允许一个 VLAN 是 Native VLAN。由于 VLAN 1 是交换机的保留 VLAN，因此默认为 Native vlan。

任务实施

一、网络拓扑结构图（见图 10-8）

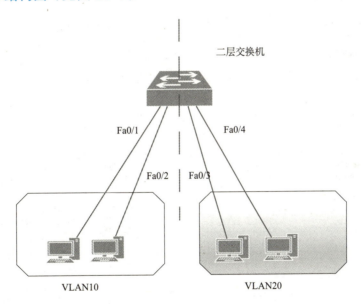

图 10-8　网络拓扑结构

二、配置规划（见表 10-1）

表 10-1　配置规划

类　　别	VLAN10	VLAN20
端口	Fa0/1，Fa0/2	Fa0/3，Fa0/4
IP 网络地址	10.23.10.0/24	10.23.20.0/24
部门	财务处	教务处

三、具体实施

1.IP 基本配置（见图 10-9～图 10-12）

图 10-9　PC1 IP 地址配置

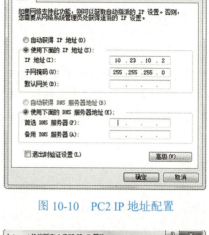

图 10-10　PC2 IP 地址配置

图 10-11　PC3 IP 地址配置

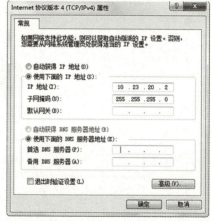

图 10-12　PC4 IP 地址配置

2.基本配置

SW1：

```
Switch>enable
Switch#configure terminal
Switch(config)#hostname SW1
SW1(config)#
```

创建 vlan，vlan 号为 10，名称为"CWC"，vlan 号为 20，名称为"JWC"。

```
SW1(config)#vlan 10
SW1(config-vlan)#name CWC
SW1(config-vlan)#exit
SW1(config)#vlan 20
SW1(config-vlan)#name JWC
```

```
SW1(config-vlan)#exit
```

回到特权模式。

```
SW1(config)#exit
SW1#
```

进入 SW1 的 Fa0/1 口，将该接口配置为 vlan 10 的 Access 接口，Fa0/2 接口也做相同操作。

```
SW1(config)#interface fastEthernet 0/1
SW1(config-if)#switchport mode access
SW1(config-if)#switchport access vlan 10
SW1(config-if)#exit
SW1(config)#
```

使用 range 命令，同时进入 Fa0/3 和 Fa0/4 的接口配置模式，将这两个接口配置为 vlan 20 的 Access 接口。

```
SW1(config)#interface range fastEthernet 0/3-4
SW1(config-if-range)#switchport mode access
SW1(config-if-range)#switchport access vlan 20
```

使用 show vlan 命令，确认 vlan 10 和 vlan 20，以及和它们关联的接口。

```
SW1#show vlan
VLAN Name                    Status    Ports
---- ---------------------- --------- -------------------
1    VLAN0001                STATIC    Fa0/5, Fa0/6, Fa0/7...
10   CWC                     STATIC    Fa0/1, Fa0/2
20   JWC                     STATIC    Fa0/3, Fa0/4
```

连通性测试，如图 10-13 和图 10-14 所示。

图 10-13　PC1 ping PC2 测试结果

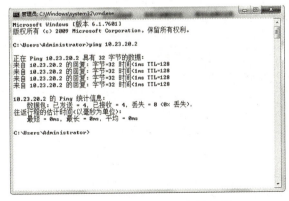

图 10-14　PC3 ping PC4 测试结果

能力拓展

HZY 校园网络拓扑结构如图 10-15 所示，要求完成相关配置实现 VLAN 中 PC 互通。

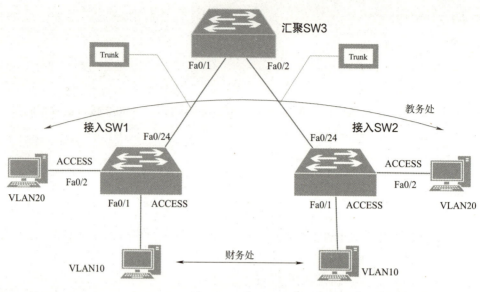

图 10-15 校园网建设

1.SW1 配置

```
SW1(config)#vlan 10
SW1(config)#name CWC
SW1(config)#vlan 20
SW1(config)#name JWC
SW1(config)#interface fastEthernet 0/1
SW1(config-if)#switchport mode access
SW1(config-if)#switchport access vlan 10
SW1(config-if)#exit
SW1(config)#interface fastEthernet 0/2
SW1(config-if)#switchport mode access
SW1(config-if)#switchport access vlan 20
SW1(config-if)#exit
SW1(config)#interface fastEthernet 0/24
SW1(config-if)#switchport trunk encapsulation dot1q
SW1(config-if)#switchport mode trunk
SW1(config-if)#switchport trunk allowed vlan add 10,20
```

2.SW2 配置

```
SW2(config)#vlan 10
SW2(config)#name CWC
SW2(config)#vlan 20
SW2(config)#name JWC

SW2(config)#interface fastEthernet 0/1
SW2(config-if)#switchport mode access
SW2(config-if)#switchport access vlan 10
```

```
SW2(config-if)#exit
SW2(config)#interface fastEthernet 0/2
SW2(config-if)#switchport mode access
SW2(config-if)#switchport access vlan 20
SW2(config-if)#exit
SW2(config)#interface fastEthernet 0/24
SW2(config-if)#switchport trunk encapsulation dot1q
SW2(config-if)#switchport mode trunk
SW2(config-if)#switchport trunk allowed vlan add 10,20
```

3. 汇聚 SW3 配置

```
SW3(config)#vlan 10
SW3(config)#name CWC
SW3(config)#vlan 20
SW3(config)#name JWC
SW3(config)#interface range fastEthernet 0/1-2
SW3(config-if-range)#switchport trunk encapsulation dot1q
SW3(config-if-range)#switchport mode trunk
SW3(config-if-range)#switchport trunk allowed vlan add 10,20
```

> **小贴士：**
> SW1 的配置和 SW2 相同，可以在 SW1 上执行"show run"，选择 Fa0/1，Fa0/2，Fa0/24 的配置复制，在 SW2 的全局配置模式下执行粘贴。
> 汇聚交换机接收的 802.1Q 数据帧的前提是创建所对应的业务 VLAN。

认证习题

单选题

1. VLAN 技术属于 OSI 模型中的哪一层？（   ）
   A. 第 3 层   B. 第 2 层   C. 第 4 层   D. 第 7 层
2. 在思科 S3640 上能设置的 VLAN 最大编号为（   ）。
   A. 256   B. 1024   C. 2048   D. 4094
3. 最常用的定义 VLAN 的方法是（   ）。
   A. 接口 VLAN   B. MAC VLAN   C. 组播 VLAN   D. 网络层 VLAN
4. 可以转发多个 VLAN 数据的交换机端口模式是（   ）。
   A. access   B. Trunk   C. forward   D. storage
5. 802.1Q 帧头加在原以太网帧的什么位置？（   ）
   A. 目的地址后   B. 源地址后   C. 长度/类型后   D. FCS 后
6. 如果拓扑结构已经设计完毕。做为实施工程师，你会为拓扑结构中哪条线缆配置 Trunk 模式？
（   ）
   A. 传输重要数据的线缆   B. 传输 VLAN1 数据的线缆

C. 传输多个 VLAN 数据的线缆　　　　　D. 连接总裁办公室的线缆

7. `switch(config-if)#switchport mode trunk switch(config-if)#switchport trunk allowd vlan remove 20`

在执行了上述命令后,此接口接收到 VLAN 20 的数据会做怎样的处理?(　　)

A. 根据 MAC 地址表进行转发

B. 将 VLAN20 的标签去掉,加上合法的标签再进行转发

C. trunk 接口会去掉 VLAN20 的标签,直接转发给主机

D. 直接丢弃数据,不进行转发

8. 在交换机上配置 Trunk 接口时,如要从允许 VLAN 列表中删除 VLAN 15,使用的命令是(　　)。

A. Switch(config-if)#switchport trunk allowed remove 15

B. Switch(config-if)#switchport trunk vlan remove 15

C. Switch(config-if)#switchport trunk vlan allowed remove 15

D. Switch(config-if)#switchport trunk allowed vlan remove 15

9. 一个 Access 端口可以属于(　　)。

A. 仅一个 VLAN　　　　　　　　　B. 最多 64 个 VLAN

C. 最多 4 094 个 VLAN　　　　　　D. 依据管理员设置的结果而定

10. 当一个 VLAN 跨越两台交换机时,需要(　　)。

A. 用三层端口连接两台交换机

B. 用 Trunk 端口连接两台交换机

C. 用路由器连接两台交换机

D. 两台交换机上 VLAN 的配置必须相同

任务测评

任务 10　使用 VLAN 技术实现网络逻辑分割(100 分)			学号: 姓名:		
序号	评分内容	评分要点说明	小项加分	得分	备注
一、客户端 PC 设置(20 分)					
1	PC 客户端 TCP/IP 协议设置正确(20 分)	能够正确设置 IP 地址、子网掩码、网关,加 20 分			
二、交换机基本配置(80 分)					
2	正确创建 VLAN(20 分)	创建 VLAN10,VLAN20 并且正确命名,每项加 10 分			
3	正确将端口划分到对应 VLAN 中(20 分)	正确查看接口信息,加 20 分			
4	查看交换机 VLAN 列表(20 分)	正确使用 show 命令查看交换机 VLAN 列表,并正确辨析表中内容,加 20 分			
5	连通性测试(20 分)	同一 VLAN 内 PC 间能够 ping 通,不同 VLAN 间 PC 不能互通,加 20 分			

任务 11　使用单臂路由技术实现 VLAN 间通信

任务描述

一台交换机和两台 PC 组成了一个交换网络，在此网络上划分了连个基于端口的 VLAN，分别为 VLAN 10 和 VLAN 20，其中 PC1 属于 VLAN 10，PC2 属于 VLAN20，如图 11-1 所示。

PC1 和 PC2 之间是无法进行任何通信的，这是因为 PC1 和 PC2 属于不同的 VLAN，所以它们之间无法进行二层通信；同时，由于它们之间目前尚未存在一个"三层通道"，所以它们之间也无法进行三层通信。如何来实现 PC1 和 PC2 之间的三层通信呢？

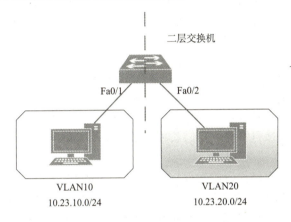

图 11-1　二层交换机划分 VLAN

任务解析

本次任务将使用"单臂"技术实现 VLAN 间的通信。单臂路由技术的特点是容易造成网络单点故障，配置较为复杂。随着网络技术的更新，三层交换机直接配置了 VLAN 对应的 SVI 虚接口，单臂路由技术在实际网络工程项目很少应用，但是通过系统地学习，可以直观地帮助我们更好地理解数据帧封装与解封装的过程，为学习网络技术打下坚实的理论基础。

知识链接

VLAN 实现了逻辑上广播隔离，无法实现二层通信，要想实现不同 VLAN 间的三层通信，可以引入一台路由器，利用路由器设备的路由功能实现不同的 VLAN 之间相互通信。利用路由器有两种方式实现不同 VLAN 间的通信，一种是"多臂"路由技术，一种是"单臂"路由技术。

视频

单臂路由的原理

一、多臂路由技术

VLAN 间的三层通信可以通过多臂路由器来实现，如图 11-2 所示，但这种实现方法面临的一个问题是每一个 VLAN 都需要占用路由器上的一个物理接口（每个接口连接的线路相当一只"手臂"），如果 VLAN 数目众多，就需要占用大量的路由器接口，所以"多臂"路由技术扩展性较差。

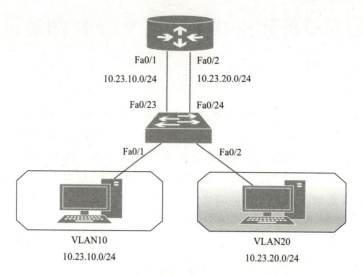

图 11-2 多臂路由技术

二、单臂路由技术

为了节省路由器的物理接口资源，我们还可以通过采用"单臂"路由技术来实现 VLAN 间的三层通信，如图 11-3 所示。

采用这种方法时，必须对路由器的物理接口进行"子接口"划分。一个物理接口可以划分多个逻辑的子接口，不同的"子接口"对应了不同的 VLAN。这些子接口的 MAC 地址均"衍生"出它们的物理接口的 MAC 地址，但是它们的 IP 地址各不相同。一个子接口的 IP 地址应该配置为该子接口所对应的 VLAN 默认网关地址。逻辑接口也被称为虚接口。

交换机 Fa0/24 号接口链路类型设置为 Trunk，IEEE 802.1Q 协议封装。

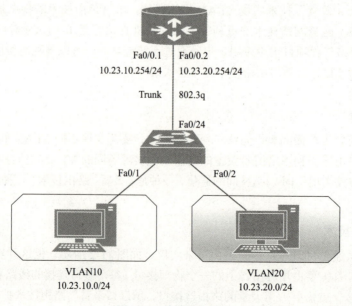

图 11-3 单臂路由技术

三、DHCP

为了解决自动分配 IP 地址问题，IETF 制定了动态主机配置协议（Dynamic Host Configuration Protocol，DHCP），该协议提供了一种动态分配网络配置参数的机制。DHCP 的基本作用如图 11-4 所示。

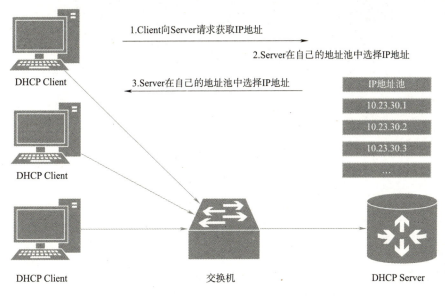

图 11-4　DHCP 基本作用

DHCP 是一种 C/S 模式的网络协议，其基本工作流程是发现阶段、提供阶段、请求阶段、确认阶段。

1. 发现阶段

发现阶段也就是 PC 中 DHCP Client 寻找 DHCP Server 的阶段。PC 上的 DHCP Client 开始运行后，会发送一个广播帧，这个广播帧的源 MAC 地址为 PC 的 MAC 地址，类型字段的值为 0x0800，载荷数据为一个广播 IP 报文。该 IP 报文的目的 IP 地址为有限广播地址 255.255.255.255，源 IP 地址为 0.0.0.0，协议字段的值为 0x11，载荷数据是一个 UDP 报文。该 UDP 报文的目的端口号为 67，源端口号为 68，载荷数据是一个 DHCPDISCOVER 消息。

显然，与 PC1 处于同一个二层网络中的所有设备（包括路由器 R1）都会收到这个广播帧。交换机收到这个广播帧后，只会将它泛洪出去。其他设备（如服务器、路由器、其他的 PC 等）收到这个广播帧后，会将相关的载荷数据逐层上送。传输层的 UDP 模块接收到网络层上送的 UDP 报文后，会检查 UDP 报文的目的端口号。显然，只有运行了 DHCP Server 的设备才会识别出目的端口号 67，并将其载荷数据（DHCPDISCOVER 消息）上送至应用层的 DHCP Server。如果设备上没有运行 DHCP Server，则目的端口为 67 的 UDP 报文会在传输层被直接丢弃。

需要说明的是，图 11-5 所示的二层网络中除了路由器 R1 上运行了 DHCP Server 外，可能还有其他设备上运行了 DHCP Server。如果是这样，那么所有这些 DHCP Server 都会接收到 PC1 发送的 DHCPDISCOVER 消息，也都会对所收到的 DHCPDISCOVER 消息做出回应。

从上面的描述中我们知道，DHCP 的传输层协议是 UDP，而 UDP 通信方式是一种无连接的、不可靠的通信方式，所以 DHCP 必须依靠自己的协议机制来提供传输的可靠性。如 PC1 的 DHCP Client 以广播方式发出了 DHCPDISCOVER 消息后，却没有收到任何来自 DHCP Server 的回应，那该怎么办呢？原来，DHCP 协议定义了一套消息重传机制，规定了在什么情况下需要重复发送已经发送过的消息、重复的间隔时间是多少、最大重复次数是多少，如此等等。总之，DHCP 工作过程的细节是比较复杂的，我们这里不做细究。

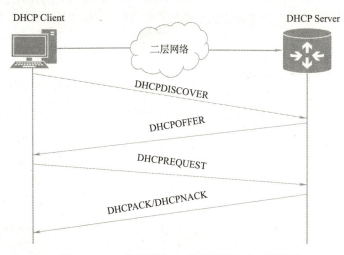

图 11-5　PC 首次获取 IP 地址时的基本工作流程

2. 提供阶段

提供阶段也就是 DHCP Server 向 DHCP Client 提供 IP 地址的阶段。注意，DHCP Client 是否愿意接收 DHCP Server 所提供的 IP 地址，这个阶段还反映不出来。每个接收到 DHCPDISCOVER 消息的 DHCP Server 都会从自己维护的地址池中选择一个合适的 IP 地址，并通过 DHCPOFFER 消息将这个 IP 地址发送给 DHCP Client。

DHCPOFFER 消息是封装在目的端口号为 68、源端口号为 67 的 UDP 报文中得，该 UDP 报文又是封装在一个广播 IP 报文中的。IP 报文的目的 IP 地址为有限广播地址 255.255.255.255，原 IP 地址为 DHCP Server 所对应的单播 IP 地址，协议字段的值为 0x11。该 IP 报文又是封装在一个广播帧里的，这个帧的源 MAC 地址为 DHCP Server 所对应的单播 MAC 地址，类型字段的值为 0x0800。

显然，与 PC1 处于同一个二层网络中的所有设备都会收到这个广播帧。交换机收到这个广播帧后，只会将它泛洪出去。其他设备（如服务器、PC 等）收到这个广播帧后，会将相关的载荷数据逐层上送。传输层的 UDP 模块接收到网络层上送的 UDP 报文后，会检查 UDP 报文的目的端口号。显然，只有运行了 DHCP Client 的设备才会识别出目的端口号 68，并将其载荷数据（DHCPOFFER 消息）上送至应用层的 DHCP Client。如果设备上没有运行 DHCP Client，则目的端口号为 68 的 UDP 报文会在传输层被直接丢弃。

现在问题来了，二层网络中除了 PC1 外，可能还存在别的 PC，并且别的 PC 上可能也运行了 DHCP Client。那么，这些 DHCP Client 在收到 DHCPOFFER 消息后，如何才能确定这个 OFFER 是不是给自己的呢？原来，每个 DHCP Client 在发送 DHCPDISCOVER 消息的时候，都会在 DHCPDISCOVER 消息中设定一个交易号（Transaction ID），DHCP Server 在回应 DHCPDISCOVER 消息的时候，会将这个交易复制至 DHCPOFFER 消息中。这样一来，一个 DHCP Client 在收到一个 DHCPOFFE 消息后，只要检查其中的交易号是不是自己当初设定的交易号，就能判断出这个 OFFER 是不是给自己的。交易号是一个 4 字节的二进制数，所以交易号"撞车"的可能性是非常小的。

3. 请求阶段

在请求阶段中，DHCP Client 会在若干个收到的 OFFER 中根据某种原则来确定出自己将要接收哪一个 OFFER。通常情况下，DHCP Client 会接收它所收到的第一个 OFFER，DHCP Client 会接收它所收到的第一个 OFFER（即最先收到的那个 DHCPOFFER 消息）。图 11-1 中，假设 PC1 最先收到的 DHCPOFFER 消息是来自路由器的 R1。于是，PC1 的 DHCP Client 会发送一个广播帧，这个广播帧的意图就是向路由器 R1 上的 DHCP Server 提出请求，希望获取到该 DHCP Server 发送到自己的 DHCPOFFER 消息中所提供的那个 IP 地址。

PC1 的 DHCP Client 发送的广播帧的源 MAC 地址为 PC1 的 MAC 地址，类型字段的值为 0x0800，载荷数据是一个广播 IP 报文。该 IP 报文的目的 IP 地址为有限广播地址 255.255.255.255，源 IP 地址为 0.0.0.0，协议字段的值为 0x11，载荷数据是一个 UDP 报文。该 UDP 报文的目的端口号为 67，源端口号为 68，载荷数据是一个 DHCPREQUEST 消息。注意，这个 DHCPREQUEST 消息中携带有 R1 上的 DHCP Server 的标识（称为 Server Identifier），标识 PC1 的 DHCP Client 只愿意接收 R1 上的 DHCP Server 所给出的 OFFER。

显然，该二层网络上所有的 DHCP Server 都会接收到 PC1 上的 DHCP Client 发送的 DHCPREQUEST 消息。R1 上的 DHCP Server 收到并分析了该 DHCPREQUEST 消息后，会明白 PC1 已经愿意接受自己的 OFFER 了。其他的 DHCP Server 收到并分析了该 DHCPREQUEST 消息后，会明白 PC1 拒绝了自己的 OFFER。于是，这些 DHCP Server 就会收回自己当初给予 PC1 的 OFFER。也就是说，当初准备的提供给 PC1 使用的 IP 地址现在可以用来分配给别的设备使用了。

4. 确认阶段

在确认阶段，DHCP Server 会向 Client 发送一个 DHCPACK 消息。DHCPACK 消息是封装在目的端口号为 68、源端口号为 67 的 UDP 报文中的，该 UDP 报文又是封装在一个广播 IP 报文中的。IP 报文的目的 IP 地址为有限广播地址 255.255.255.255，源 IP 地址为 DHCP Server 所对应的单播 IP 地址，协议字段的值为 0x11。

由于其他原因，DHCP Server 有可能向 Client 发送一个 DHCPNACK 消息。如果 Client 接收到 DHCPNACK 消息，就说明这次获取 IP 地址的尝试失败了。在这种情况下，PC 只能回到发现阶段来开始新一轮的 IP 地址申请过程。

PC1 上的 DHCP Client 接收到 R1 上的 DHCP Server 发送的 DHCPACK 消息后，就意味着 PC1 首次获得了 DHCP Server 分配给自己 IP 地址。实际上，PC1 还会立即通过 GratuitousARP 机制来检验所获得的 IP 地址的唯一性，但这个过程这里就不描述了。我们不禁要问，PC1 下一次开机启动的时候，是否也需要完全重复前面所述的 4 个阶段（发现阶段，提供阶段，请求阶段，确认阶段）才能获得 IP 地址呢？答案是否定的，如图 11-6 所示。事实上，PC1 上是有磁盘等存储设备的，因此 PC1 是能够记住自己上次所获得的 IP 地址的，并且也能记住当初分配这个 IP 地址的那个 DHCP Server 的 Server Identifier（也就是 R1 上的 DHCP Server 的 Server Identifier），还能记住这个 DHCP Server 所对应的单播 IP 地址和单播 MAC 地址等信息。所以，PC1 重新启动的时候，只需要直接进入第 3 个阶段（请求阶段），以广播帧及广播 IP 报文的方式发送 DHCPREQUEST 消息（该消息中携带有 R1 上的 DHCP Server 的 Server Identifier），表示希望继续使用上次分配给自己的 IP 地址。PC1 在收到来自 R1 上的 DHCP Server 的 DHCPACK 消息后，就又可以开始继续使用原来的那个 IP 地址了。如果由于种种原因，R1 上的 DHCP Server 不能让 PC1 继续使用这个 IP 地址，那么 R1 上的 DHCP Server 就会回应一个 DHCPNACK 消息。PC1 如果收到了 DHCPNACK 消息，就必须放弃使用原来的 IP 地址，而必须重新从发现阶段开始来重新申请一个 IP 地址。

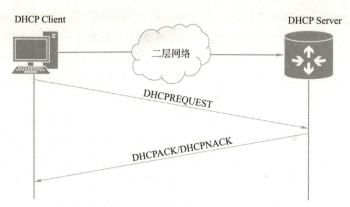

图 11-6　PC 非首次获取 IP 地址时的基本工作流程

PC1 记住了 R1 上的 DHCP Server 所对应的单播 IP 地址和单播 MAC 地址（也就是 R1 的 GE1/0/0 接口的 IP 地址和 MAC 地址），那么，PC1 重新启动的时候，为何是以广播帧及广播 IP 报文的方式发送 DHCP REQUEST 消息，而不是以"影响面较小的"单播帧及单播 IP 报文的方式来发送 DHCPREQUEST 消息呢？事实上，DHCP 协议是允许先以单播帧及单播 IP 报文的方式来发送 DHCPREQUEST 消息的，如果发送之后接收不到回应（例如，R1 的 GE1/0/0 接口的 IP 地址或 MAC 地址发生了改变），那么就再以广播帧及广播 IP 报文的方式发送 DHCPREQUEST 消息。

从 DHCP 协议的角度来看，IP 地址的所有权是属于 DHCP Server，而不是 DHCP Client；DHCP Client 所拥有的只是 IP 地址的使用权。事实上，DHCP Server 每次给 DHCP Client 分配一个 IP 地址时，只是跟 DHCP Client 订立了一个关于这个 IP 地址的租约（Lease）。每个租约都有一个租约期（Duration of Lease），DHCP 协议规定租约期的默认值不得小于 1 小时，而实际部署 DHCP 时，租约期的默认值通常都是 24 小时。在租约期内，DHCP Client 才能使用相应的 IP 地址。当租约期到期之后，DHCP Client 是不被允许继续使用这个 IP 地址的。在租约期还没有到期的时候，DHCP Client 是可以申请续租这个 IP 地址的，申请的流程如图 11-7 所示。

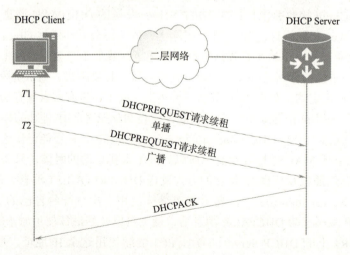

图 11-7　PC 申请 IP 地址续租的流程

按照 DHCP 协议的规定，在默认情况下，图 11-7 中的 $T1$ 时刻是租约期到了一半的时刻，而 $T2$ 时刻则是租约期到了 87.5% 的时刻。在 $T1$ 时刻，PC1 上的 DHCP Client 会以单播方式向 R1 上的

DHCP Server 发送一个 DHCPREQUEST 消息，请求续租 IP 地址（也就是请求重新开始租约期的计时）。如果在 $T2$ 时刻之前，PC1 上的 DHCPClient 收到了回应的 DHCPACK 消息，则说明续租已经成功。如果直到 $T2$ 时刻，PC1 上的 DHCP Client 都未收到回应的 DHCPACK 消息，那么在 $T2$ 时刻，PC1 上的 DHCP Client 会以广播方式发送一个 DHCPREQUEST 消息，继续请求续租 IP 地址。如果在租约期到期之前，PC1 上的 DHCP Client 收到了回应的 DHCPACK 消息，则说明续租成功。如果直到租约期到期时，PC1 上的 DHCP Client 仍未收到回应的 DHCPACK 消息，那么 PC1 就必须停止使用原来的 IP 地址，也就是说，PC1 只能重新从发现阶段开始来重新申请一个 IP 地址。

任务实施

1. 网络拓扑结构图（见图 11-8）

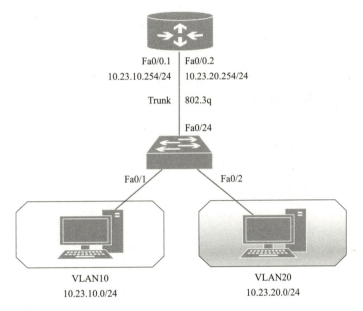

图 11-8 单臂路由

2. 配置规划（见表 11-1 和表 11-2）

表 11-1 交换机网络地址规划

端口	所属 VLAN	网络地址	部门	备注
Fa0/1	VLAN 10	10.23.10.0/24	财务处	
Fa0/2	VLAN 20	10.23.20.0/24	教务处	

表 11-2 路由器 IP 地址规划

端口	IP 地址	备注
Fa0/0.1	10.23.10.254/24	VLAN 10
Fa0/0.2	10.23.20.254/24	VLAN 20

3. 具体实施

① PC IP 及交换机 VLAN 基本配置参照任务 10。

② 交换机 Fa0/24 接口配置 Trunk。

```
SW1(config)#interface fastEthernet 0/24
SW1(config-if)#switchport mode Trunk
SW1(config-if)#switchport trunk allowed vlan all
SW1(config-if)#exit
SW1(config)#
```

③ 路由器配置。

```
Router# configure terminal
Router(config)# interface fastethernet 0/0
Router(config-if)# no shutdown
Router(config)# interface fastethernet 0/0.1
//创建子接口F0/0.1
Router(config-subif)#encapsulation dot1q 10
//在子接口上封装802.1q协议，对应VLANID10
Router(config-subif)#ip address 10.23.10.254 255.255.255.0
//给子接口配置IP地址，作为VLAN10内终端的网关
Router(config)# interface fastethernet 0/0.2
//创建子接口F0/0.2
Router(config-subif)#encapsulation dot1q 20
//在子接口上封装802.1q协议，对应VLANID20
Router(config-subif)#ip address 10.23.20.254 255.255.255.0
//给子接口配置IP地址，作为VLAN20内终端的网关
```

④ Router 上执行 "show ip interface brief" 查看接口摘要信息。

```
Router#show ip interface brief
Interface              IP-Address       OK?  Method  Status  Protocol
 FastEthernet0/0       unassigned       YES  unset   up      up
 FastEthernet0/0.1     10.23.10.254     YES  manual  up      up
 FastEthernet0/0.2     10.23.20.254     YES  manual  up      up
```

⑤ 连通性测试（见图 11-9）。

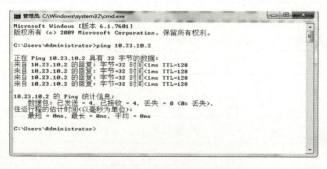

图 11-9　PC1 ping PC2 测试结果

> **小贴士**
> 路由器子接口配置 IP 地址前，一定要先封装 DOT1Q 协议（公版协议，CISCO 对应的协议是 ISL），各个 VLAN 内主机要以相应的 VLAN 子接口 IP 作为网关。

能力拓展

随着业务的扩展，办公楼新增一个会议室要求自动分配 IP 地址，在原有的拓扑结构中划分 VLAN30 用于会议室自动分配 IP，如图 11-10 所示。

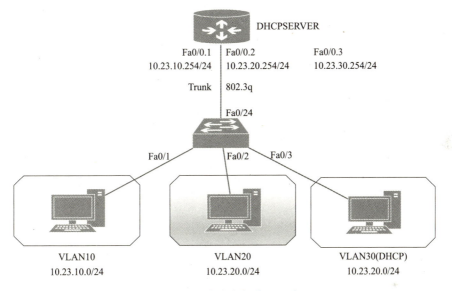

图 11-10　单臂路由（DHCP）

1. 交换机配置

```
SW1#configure terminal
SW1(config)#vlan 30
SW3(config)#name DpVlan
SW3(config)#interface fastethernet 0/3
SW3(config-if)#switchport mode access
SW3(config-if)#switchport access vlan 30
SW3(config-if)#exit
SW3(config)#interface fastethernet 0/24
SW3(config-if)#switchport trunk encapsulation dot1q
SW3(config-if)#switchport mode trunk
SW3(config-if)#switchport trunk allowed vlan add 30
```

2. 路由器配置

```
Router# configure terminal
Router(config)# interface fastethernet 0/0
Router(config-if)# no shutdown
```

```
Router(config)# interface fastethernet 0/0.3
Router(config-subif)#encapsulation dot1q 30
Router(config-subif)#ip address 10.23.30.254 255.255.255.0
Router(config-subif)#exit
Router(config)#service dhcp
Router(config)#ip dhcp pool VLAN30
Router(dhcp-config)#network 10.23.30.0 255.255.255.0
Router(dhcp-config)#lease 8 0 0
Router(dhcp-config)#default-router 10.23.30.254
```

认证习题

选择题

1. （多选）配置单臂路由时需要做到的是哪两条？（   ）

    A. 主接口需要先封装 802.1q

    B. 子接口需要先封装 802.1q

    C. 配置子接口的物理接口另一端必须连接交换机的 Trunk 口

    D. 配置几个子接口就需要准备几根连线

2. （单选）如图 11-11 所示，两台主机通过单臂路由实现 VLAN 间通信，当 RTA 的 G0/0/1.2 子接口收到主机 B 发送给主机 A 的数据帧时，RTA 将执行下列哪项操作？（   ）

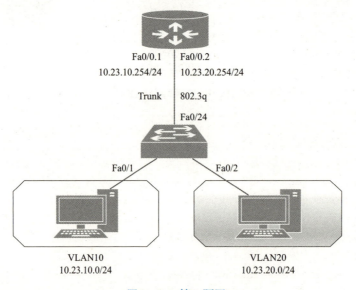

图 11-11　第 2 题图

    A. RTA 将数据帧通过 Fa0/0.1 子接口直接转发出去

    B. RTA 删除 VLAN 标签 20 后，由 Fa0/0.1 接口发送出去

    C. RTA 先要删除 VLAN 标签 20，然后添加 VLAN 标签 10，再由 Fa0/0.1 接口发送出去

    D. RTA 将丢弃该数据帧

3. （单选）使用单臂路由技术主要解决的是路由器的什么问题？（   ）

    A. 路由器上一个逻辑接口之间的转发速度比物理接口要快

B. 没有 3 层交换机

C. 简化管理员在路由器上的配置

D. 路由器接口有限，不够链接每一个 VLAN

4. （单选）下面哪一条命令可以正确地为 VLAN5 定义一个子接口？（　　）

A. Router(config-if)#enc dot1q 5

B. Router(config-if)#enc dot1q vlan 5

C. Router(config-subif)#enc dot1q 5

D. Router(config-subif)#enc dot1q vlan 5

5. （单选）在一台 Windows 主机启用 DHCP 客户端功能并成功获取 IP 地址后，查看本地连接状态时，会发现状态信息中描述了 DHCP 租约时间。关于该租约信息的描述，以下正确的是（　　）。

A. DHCP 租约是由客户端指定的

B. DHCP 租约是由服务器指定的

C. 当主机上的动态 IP 地址达到 DHCP 租约的一半时，会广播 request 报文进行续约

D. 当主机上的动态 IP 地址达到 DHCP 租约的 87.5% 时，会广播 release 报文进行续约

6. （单选）DHCP 客户端发出的 DHCPDiscover 报文的源 IP 地址是（　　）。

A. 127.0.0.1

B. 255.255.255.255

C. 127.0.0.0

D. 0.0.0.0

7. （单选）如果 DHCP 客户端与 DHCP 服务器不在同一个 LAN 中，则需要中间设备将对 DHCP 报文进行中继转发。启用 DHCP 中继必要的命令包括（　　）。

A. service dhcp

B. ip help-address

C. enable service dhcp

D. ip dhcp-relay address

任务测评

任务 11	使用单臂路由技术实现 VLAN 间通信（100 分）		学号：		
			姓名：		
序号	评分内容	评分要点说明	小项加分	得分	备注
一、以太网帧格式（10 分）					
1	以太网帧封装与解封装（10 分）	正确辨析数据帧格式，并复述各字段所代表的具体含义，加 10 分			
二、交换机基本配置（20 分）					
2	正确的创建 VLAN（10 分）	正确创建 VLAN10 和 VLAN20，每一项 5 分，共 10 分			
3	将端口划分到对应的 VLAN 里（6 分）	将 Fa0/1 划分到 VLAN10，Fa0/2 划分到 VLAN20，每一项 3 分，共计 6 分			
4	Fa0/24 端口链路类型设置为 Trunk 模式（4 分）	Fa0/24 端口链路类型设置为 Trunk，将 VLAN10、VLAN20 添加到允许列表，加 4 分			

续表

任务 11	使用单臂路由技术实现 VLAN 间通信（100 分）		学号：姓名：		
序号	评分内容	评分要点说明	小项加分	得分	备注
三、路由器基本配置（70 分）					
5	查看路由器基本信息（6 分）	正确查看路由器基本信息，加 5 分			
6	配置路由器名称（4 分）	正确设置交换机名称，加 4 分			
7	配置路由器密码（20 分）	正确配置特权密码并验证，加 5 分；正确配置配置路由器控制台密码并验证，加 5 分；正确配置路由器远程登录密码并验证，加 10 分			
8	配置路由器子接口（10 分）	正确配置路由器子接口 IP 地址，加 5 分；正确配置子接口封装模式，加 5 分			
9	查看路由器接口摘要信息（10 分）	正确使用相应命令切换命令行模式，加 10 分			
10	查看路由器路由表（10 分）	正确使用"Show ip route"查看路由器路由表，并正确辨析表中内容，加 11 分			
11	PC 连通性测试（10 分）	连通性 ping 测试成功，加 10 分			

任务 12　使用 VTP 实现 VLAN 统一部署

任务描述

HZY 学院建设考试中心网络工程项目考虑到可扩展性，为了同时能满足更多人的在线考试，需要增加网络中的计算机，为了连接更多的计算机，NET 公司的网络工程师按需要增加网络中的交换机，并对其进行配置，如何保证网络中多台交换机上 VLAN 划分一致或交换机可以互相学习 VLAN，而省去管理员一台一台地配置呢？这就是本任务要解决的问题。

任务解析

通过完成本任务，使学生能够配置 VTP，实现相同域中多台交换机的 VLAN 学习，保持网络中 VLAN 配置的统一和减少网络管理员重复配置的工作量。

知识链接

一、VTP

虚拟局域网中继协议（VLAN Trunking Protocol，VTP）作用是从一点维护整个网络上 VLAN 的添加、删除和重命名工作。VTP 域是具有相同域名，通过 Trunk 相连的一组交换机。网络中可能存在多个 VTP 域，就好像一个专业有多个班级一样，班级名字相同，说明在同一个班里。

●视频

VTP 的工作原理

如图 12-1 所示，在相同的 VTP 域中，在交换机 1 上创建 VLAN 2，通过 VTP 通告，域中的其他交换机就可以学习到由交换机 1 创建的 VLAN 2。

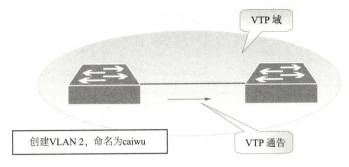

图 12-1　VTP 协议

> **小贴士：**
> 在相同的 VTP 域中，各个交换机之间应该是 Trunk 连接，允许多个 VLAN 的信息通过。

二、VTP 的运行模式

VTP 的运行模式有三种，分别是服务器模式（Server）、客户机模式（Client）和透明模式（Transparent）。

1. 服务器模式

服务器模式，可以创建、删除和修改 VLAN，学习、转发相同域名的 VTP 通告。

如图 12-2 所示，在相同的 VTP 域中 Server 运行模式下，交换机可以创建、学习和转发 VTP 通告，如在交换机 1 上创建 VLAN2，在交换机 2 和交换机 3 上可以学习到。

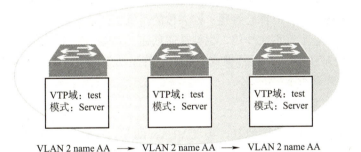

图 12-2　VTP Server 运行模式

2. 客户机模式

客户机模式学习、转发相同域名的 VTP 通告，但不可以创建、删除和修改 VLAN。

如图 12-3 所示，在 Server 模式的交换机 1 上创建 VLAN2，在 Clinet 模式下的交换机 2 和交换机 3 上都可以学习到，但在交换机 2 和交换机 3 上是不能创建和删除 VLAN 的，也就是 Client 模式下只能学习、转发，但不能创建删除和修改 VLAN。

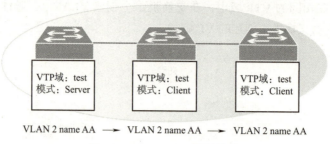

图 12-3　VTP Client 运行模式

3. 透明模式

透明模式可以创建、删除和修改 VLAN，但只在本地有效，转发但不学习 VTP 通告，如图 12-4 所示。

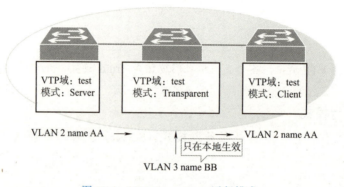

图 12-4　VTP Transparent 运行模式

为了加深理解，举个例子，可以把服务器模式比喻成"学霸"，考试的时候自己可以答题、修改，也为同学们传小纸条，而客户机模式可以比喻成"学渣"，考试的时候，一个字也不写，只等着传来的小纸条，也就是他不能创建、删除和修改 VLAN，但可以从服务器模式学习来；最后有一种比较有个性的学生，就是透明模式，他自己答题，别人传的小纸条，他比较自信，不看不学，但他可以帮同学传递小纸条，自己的答案却不往外传，也就是能创建、删除、修改 VLAN，但只在本地生效。

这里只是便于理解 VTP 的三种运行模式，在实际的生活学习中，一定要诚信做人，踏实做事，抄袭是可耻的，是学不来真实本事的。

三、VTP 通告

VTP 协议使用 VTP 通告来传递消息，实现 VLAN 的学习、转发、维护等，VTP 通告的内容包括管理域、版本号、配置修改编号、VLAN 及某些参数。当新增的交换机配置修改，编号应该重新置 0，可以通过更改 VTP 模式为透明模式，再更改为服务器或客户机模式，或更改 VTP 域名，将编号重新置 0。VTP 通告类型有汇总通告、子集通告和通告请求。

四、VTP 修剪

VTP 修剪的作用是减少中继链路上不必要的广播流量。

如果在网络中，VLAN3 的广播消息会转发给各个交换机，如果本交换机没有 VLAN 3，将丢弃这个广播包，但浪费中继链路的带宽和交换机的处理资源。VTP 修剪后，只有交换机通告了它使用 VLAN 3 的接口后，其他交换机才把 VLAN3 的广播转发给这台交换机，否则不会转发广播，因此说 VTP 修剪的作用是减少中继链路上不必要的广播流量，VTP 修剪还是很有必要配置的。

五、配置命令

①创建 VTP 域：

```
Switch(config)# vtp domain domain_name
```

②配置交换机的 VTP 模式：

```
Switch(config)# vtp mode { server | client | transparent }
```

③配置 VTP 口令：

```
Switch(config)# vtp password password
```

④配置 VTP 修剪：

```
Switch(config)# vtp pruning
```

⑤配置 VTP 版本：

```
Switch(config)# vtp version 2
```

VTP的配置

⑥查看 VTP 配置信息：

```
Switch# show vtp status
```

另外，在 VLAN 数据库模式下也可以进行 VTP 的相关配置，具体配置命令如下：

```
Switch# vlan database
Switch(vlan)# vtp domain domain_name
Switch(vlan)# vtp mode { server | client | transparent }
Switch(vlan)# vtp password password
Switch(vlan)# vtp pruning
Switch(vlan)# vtp version 2
```

任务实施

一、VLAN 配置过程中存在的一个问题

先来看一个 VLAN 配置的例子，如图 12-5 所示，三台交换机，连接六台计算机，其中 PC1 和 PC3 属于 VLAN 1，IP 地址段为 192.168.1.0/24；PC2 和 PC5 属于 VLAN2，IP 地址段为 192.168.2.0/24；PC4 和 PC6 属于 VLAN3，IP 地址段为 192.168.3.0/24。配置好后测试连通性。

VLAN配置中应注意的一个问题

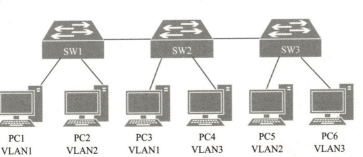

图 12-5　三台交换机 VLAN 的配置

● 视频

VTP配置实例

出现了1、3能通，4、6能通但2和5不通，什么原因呢？

因为在交换机B上没有VLAN 2，配置时不创建VLAN 2，它就不认识并且不会为VLAN 2转发数据，造成PC2和PC5不能通信，因此如果网络中配置了VTP，就能有效地避免这种情况的发生，保持相同VTP域中VLAN的配置一致。

二、VTP配置

实验拓扑结构如图12-6所示。

图12-6　三台交换机上的VTP配置

1.SW1上的配置

更名：

```
ESW1(config)#host SW1
```

配置SW1的管理IP地址：

```
SW1(config)#int vlan 1
SW1(config-if)#ip add  192.168.1.1  255.255.255.0
SW1(config-if)#no shut
SW1(config-if)#exit
```

（1）配置VTP

进入到VLAN数据库模式：

```
SW1#vlan da
SW1(vlan)#
```

①配置VTP域：

```
SW1(vlan)#vtp domain test
```

② VTP模式（SW1是Server模式）：

```
SW1(vlan)#vtp   server
```

③配置修剪：

```
SW1(vlan)#vtp   pruning
```

④配置VTP密码：

```
SW1(vlan)#vtp password 123
```

⑤配置版本：

```
SW1(vlan)#vtp  v2-mode
```

（2）创建VLAN

```
SW1(vlan)#vlan 2   name   bbb
SW1(vlan)#vlan3   name   CCC
```

（3）将端口加入到 VLAN 中

```
SW1(config)#int range  f1/1 - 5
SW1(config-range-if)#sw  access  vlan  2
```

2.SW2 上的配置

```
ESW2(config)#host  SW2
SW2#vlan da
SW2(vlan)#
SW2(vlan)#vtp domain test
SW2(vlan)#vtp   client
SW2(vlan)#vtp   pruning
SW2(vlan)#vtp password 123
SW2(vlan)#vtp   v2-mode
```

3.SW3 上的配置

```
ESW3(config)#host  SW3
SW3#vlan da
SW3(vlan)#
SW3(vlan)#vtp  domain  test
SW3(vlan)#vtp    client
SW3(vlan)#vtp  pruning
SW3(vlan)#vtp  password  123
SW3(vlan)#vtp  v2-mode
```

> **小贴士：**
> VTP 可以学习到其他交换创建的 VLAN，但是只是进行 VLAN 学习，哪些端口是属于哪个 VLAN 的，是学习不来的，仍需手工将端口加入到相应的 VLAN 中。

4.验证

通过"show vtp s"命令查看，如图 12-7～图 12-10 所示。

```
SW1#sh vtp s
VTP Version                     : 2
Configuration Revision          : 1
Maximum VLANs supported locally : 256
Number of existing VLANs        : 5
VTP Operating Mode              : Server
VTP Domain Name                 : test
VTP Pruning Mode                : Enabled
VTP V2 Mode                     : Enabled
VTP Traps Generation            : Disabled
MD5 digest                      : 0xB0 0x6F 0x87 0xBB 0xE1 0x5C 0x80 0xFB
Configuration last modified by 192.168.1.1 at 3-1-02 00:10:44
Local updater ID is 192.168.1.1 on interface Vl1 (lowest numbered VLAN interface found)
SW1#
```

图 12-7　SW1 上 VTP 配置状态

```
ESW1

VLAN Name                             Status    Ports
---- -------------------------------- --------- -------------------------------
1    default                          active    Fa1/11, Fa1/12, Fa1/13, Fa1/14
                                                Fa1/15
2    aaa                              active    Fa1/1, Fa1/2, Fa1/3, Fa1/4
                                                Fa1/5
3    bbb                              active    Fa1/6, Fa1/7, Fa1/8, Fa1/9
                                                Fa1/10
10   ccc                              active
1002 fddi-default                     active
```

图 12-8　查看 SW1 上 VLAN 配置

```
ESW2#sh vlan-s

VLAN Name                             Status    Ports
---- -------------------------------- --------- -------------------------------
1    default                          active    Fa1/2, Fa1/3, Fa1/4, Fa1/5
                                                Fa1/6, Fa1/7, Fa1/8, Fa1/9
                                                Fa1/10, Fa1/11, Fa1/12, Fa1/13
                                                Fa1/14, Fa1/15
2    aaa                              active
3    bbb                              active
10   ccc                              active
```

图 12-9　查看 SW2 上 VLAN 配置

```
ESW3

VLAN Name                             Status    Ports
---- -------------------------------- --------- -------------------------------
1    default                          active    Fa1/1, Fa1/2, Fa1/3, Fa1/4
                                                Fa1/5, Fa1/6, Fa1/7, Fa1/8
                                                Fa1/9, Fa1/10, Fa1/11, Fa1/12
                                                Fa1/13, Fa1/14, Fa1/15
2    aaa                              active
3    bbb                              active
10   ccc                              active
```

图 12-10　查看 SW3 上 VLAN 配置

查看三台交换机上 VLAN 的配置和学习情况，可以看出三台交换机的 VLAN 都已经学习到了。

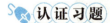

能力拓展

已经学习了 VTP 的配置，现在就利用 VTP 来解决一下上面遇到的问题。

认证习题

选择题

1.（单选）在部署 VLAN 的过程中，为实现交换网络优化，降低不必要的 VLAN 广播对网络的影响，在交换机上配置如下命令：

```
Switch(config-if)#switchport mode Trunk
Switch(config-if)#switchprot Trunk allow vlan remove 20
```

在执行了上述命令后，此接口接收到 VLAN20 的数据会做怎样的处理？（　　）

A. 根据 MAC 地址表进行转发

B. 直接丢弃数据，不进行转发

C. 将 VLAN 20 的标签去掉，加上合法的标签再进行转发

D. Trunk 接口会去掉 VLAN 20 的标签，直接转发给主机
2. （单选）一家中小型企业的管理者为了实现内部多个不同的部门 VLAN 之间的互相访问，希望利用直连在交换机上的路由器实现，于是对路由器进行了如下配置：

int   Fa0/0
no   shutdown
int   Fa0/0.1
encapsulation   dot1q   10

关于配置命令 encapsulation dot1q 10 中的数字 10，以下说法正确的是（   ）。

   A. 10 表示子接口号   B. 10 表示 VLAN 号
   C. 10 表示子网号   D. 10 表示调用的 ACL 号码

3. （单选）为了防止不必要的其他 VLAN 内的广播流量在汇聚交换机与接入交换机之间的链路上泛洪。在校园网中比较常见的是使用什么方法来避免？（   ）
   A. 使用 VTP 协议   B. 使用 VTP 链路修剪
   C. 使用 ACL   D. 使用端口下的风暴控制

4. （单选）在实施园区网的过程中，为了增加接入端的数量，工程师将三台接入层交换机依次串联，拓扑为 SW1-SW2-SW3，彼此互联接口配置为 Trunk。SW1 和 SW3 创建有 VLAN 20，SW2 未创建 VLAN 20。那么连接在 SW1 属于 VLAN20 的 PC 发出的 ARP 广播能否被连接 SW3 属于 VLAN 20 的 PC 收到？（   ）
   A. 能收到
   B. 不能收到
   C. 如果 PC 处于同一个 IP 子网，是可以收到的
   D. 如果 PC 处于不同的 IP 子网，则无法收

5. （单选）VTP 的运行模式有三种，其中能学习转发并能创建、删除 VLAN 的是（   ）模式。
   A. Server   B. Client   C. Transparent   D. Trunk

6. （单选）VTP 的运行模式有三种，其中能学习转发但不能创建、删除 VLAN 的是（   ）模式。
   A. Server   B. Client   C. Transparent   D. Trunk

7. （单选）VTP 的运行模式有三种，其中能转发但不学习，能在本地创建、删除 VLAN，但不让其他交换机学习的是（   ）模式。
   A. Server   B. Client   C. Transparent   D. Trunk

8. （单选）在配置交换机 Trunk 接口的 vlan 许可列表时，使用 all 选项的含义是（   ）。
   A. 许可 VLAN 列表包含当前创建的所有 VLAN
   B. 许可 VLAN 列表减掉当前除 VLAN 1 之外的所有 VLAN
   C. 许可 VLAN 列表包含 VLAN 1～VLAN 4 094
   D. 许可 VLAN 列表包含当前存在的成员接口的 VLAN

9. （单选）下列对 VTP 工作模式的描述中，错误的是（   ）。
   A. VTP Server 可将 VLAN 的配置信息传播到本域内其他所有的交换机
   B. VTP Client 不能建立、删除和修改 VLAN 配置信息
   C. VTP Transparent 不传播也不学习其他交换机的 VLAN 配置信息
   D. 在一个 VTP 域内，可设多个 VTP Server、VTP Client 和 VTP Transparent

10. （单选）能进入 VLAN 配置状态的交换机命令是（　　）。

    A. SW（config）#vlan database
    B. SW#
    C. SW# vlan database
    D. SW（config-if）#vlan database

11. （单选）VTP 修剪的命令是（　　）。

    A. VTP password 123
    B. VTP mode Client
    C. VTP pruning
    D. VTP mode server

12. （单选）VTP 英文是（　　），作用是（　　）。

    A. VLAN Trunk Protocol，修剪使广播消息不占用 Trunk
    B. VLAN Trunk server，修剪使广播消息不占用 Trunk
    C. VLAN Trunk Protocol，用来统一管理 VLAN 信息
    D. VTP mode server，用来统一管理 VLAN 信息

13. （多选）一台 Cisco 交换机的 VTP 模式是服务器模式，配置修订编号是 10，要将配置修订编号清 0，以下（　　）方法是可行的。

    A. 重启交换机
    B. 将 VTP 模式更改为透明
    C. 更改 VTP 的域名
    D. 更改 VTP 的密码

14. （单选）在交换机 SW1 上查看 VTP 的配置如下：

SW1#show vtp status
VTP version:2
Configuration Revision:7
Maximum VLANs supported locally:255
Number of existing VLANs:7
VTP Operating Mode:Server
VTP Domain Name:test
VTP Pruning Mode:Disable
VTP V2 Mode:Disable
VTP Traps Generation:Disable
MD5 digest:0x34 ox9D
Configuration last modified by 192.168.10.1 at 7-27-21 11:27:16

根据上述信息判断，下列选项中描述正确的是（　　）。

    A. 该交换机启用了 VTP 版本 2
    B. 该交换机当前配置修订号为 7
    C. 该交换机配置的 VTP 密码是 test
    D. 该交换机的管理 IP 为 192.168.10.1

15. （单选）以太网二层交换机在进行数据帧转发时，是根据（　　）来决定如何转发。
    A. 路由表　　　　　　　　B. MAC 地址表
    C. ARP 表　　　　　　　　D. 访问控制列表

任务测评

任务 12　使用 VTP 实现 VLAN 统一部署（100 分）			学号： 姓名：		
序号	评分内容	评分要点说明	小项加分	得分	备注
一、三台交换机上的 VTP（60 分）					
1	SW1 上的配置（20 分）	拓扑连接正确，加 5 分； 改名并配置管理 IP 及密码，加 5 分； VTP 域名配置、运行模式配置、密码配置正确，加 5 分； VTP 修剪正确配置，加 5 分			
2	SW2 上的配置（20 分）	拓扑连接正确，加 5 分； 改名并配置管理 IP 及密码，加 5 分； VTP 域名配置、运行模式配置、密码配置正确，加 5 分； VTP 修剪正确配置，加 5 分			
3	SW3 上的配置（20 分）	拓扑连接正确，加 5 分； 改名并配置管理 IP 及密码，加 5 分； VTP 域名配置、运行模式配置、密码配置正确，加 5 分； VTP 修剪正确配置，加 5 分			
二、能力拓展（40 分）					
4	VTP 配置正确，学习到 VLAN（10 分）	相同 VLAN 的计算机连通，加 10 分			
5	SW1 上的配置（10 分）	改名并配置管理 IP 及密码，加 5 分； VTP 域名配置、运行模式配置、密码配置、VTP 修剪配置正确，加 5 分			
6	SW2 上的配置（10 分）	改名并配置管理 IP 及密码，加 10 分			
7	SW3 上的配置（10 分）	VTP 域名配置、运行模式配置、密码配置、VTP 修剪配置正确，加 10 分			

参考文献

[1] 黑马程序员. 计算机网络技术及应用 [M]. 北京：人民邮电出版社，2019.

[2] 赵新胜，陈美娟. 路由与交换技术 [M]. 北京：人民邮电出版社，2018.

[3] 宋一兵. 计算机网络基础与应用 [M].3 版. 北京：人民邮电出版社，2019.

[4] 徐红，曲文尧. 计算机网络技术基础 [M]. 北京：高等教育出版社，2015.

[5] 谢希仁. 计算机网络 [M].7 版. 北京：电子工业出版社，2017.

[6] 刘道刚. 路由交换技术与实践 [M]. 北京：人民邮电出版社，2020.

[7] 北京阿博泰克技术有限公司. 网络技术应用 [M]. 北京：电子工业出版社，2015.